虎の目にも涙

44人の虎ばなし

上方文化評論家
福井栄一 著

技報堂出版

はじめに

せっかくのトラ年なので、
トラ（虎・寅）にゆかりの深い四十四人の人名録をつくってみました。
トラブル回避のため、掲載は五十音順にしました。
お読みいただくのに、虎の尾を踏むような覚悟は要りません。
お気のむくまま、目についた頁から、どうぞ。

目次

○ま行

○や行

本書の性格上、登場人物は生没にかかわらず敬称を略しました。ご寛恕下さい。

虎の目にも涙

44人の虎ばなし

あ：渥美《あつみ》清《きよし》

寅が虎を売るはなし。

日本の外務大臣や大阪市助役の姓名を知らない者は多かろうが、この男の名前を耳にしたことのない日本人は、少ないのではないか。

「フーテンの寅さん」こと、車《くるま》寅次郎《とらじろう》。

映画『男はつらいよ』シリーズ（山田洋次監督）の主人公で、渥美清の畢生《ひっせい》の当たり役である。「わたくし、生まれも育ちも葛飾柴又《かつしかしばまた》です。帝釈天《たいしゃくてん》で産湯《うぶゆ》をつかい、姓は車、名は寅次郎、ひと呼んで、フーテンの寅と発します」という名のりでおなじみ。

寅さんの生業《せいぎょう》は、香具師《やし》。縁日や祭りでにぎわう寺社の境内に陣取り、小気味のよい独特の売り口上《こうじょう》を披露して客の心をつかみ、たくみに品物を売りつける。もちろん、そこで売られるのは、最

近、マスコミをにぎわせている「買わないと先祖の霊に祟《たた》られる水晶の壺」や「投資額が三年後には十倍になって還《かえ》ってくる某社の社債」などではない。サンダル、暦の本、シャツなどの日用雑貨品が大半である。

変わった売りものとしては、虎の絵がある。第十二話『男はつらいよ 私の寅さん』（昭和四十八（一九七三）年劇場公開）に出てくる。寅さんが虎の絵を売る、といういささか出来すぎた構図にはお構いなく、寅さんは往来の客にこう呼びかけている。

「どうぞお近くに寄って見てやってください。虎は死して皮を残す。人は死んで名を残す。私とて、絵ごころのない人間ではない。自分のいちばん好きな絵は、だれにも売り渡したくはない。いっそのこと、わが家の庭にある土蔵の中に全部しまっておきたい。だが、私には生活というものがある。故郷《くに》にはかわいい女房・子どもが、口をあけて待っている。東京では、一枚千円、二千円をくだらない芸術品だが、浅野内匠頭《あさのたくみのかみ》じゃないけれど、腹を切ったつもりだ。」

京成金町線《けいせいかなまち》柴又駅前には、寅さんの銅像が立つ。寅は死して、名のみならず銅像まで残した。

い：一休宗純《いっきゅうそうじゅん》

絵の中の虎と対決。

名僧・一休は、小僧時代から才気煥発、頓智《とんち》にもすぐれ、師僧はいうにおよばず、将軍・足利義満をやりこめることすら、めずらしくなかった。

なんとか意趣返しをしたい義満は、ある日、一計を案じて、一休を屋敷へ呼びだした。一休が赴《おもむ》くと、座敷には虎の絵の屏風。義満いわく、「そちの才智をもってすれば、この虎に縄をかけて捕えることなど、いともたやすいことであろうの?」

一休は答える。「造作もないこと。縄を二本、ご用意ください。」

近臣から縄を受けとった一休は、一本をたすきにし、もう一本を両手でしごきながら、屏風の前

でぐっと身構え、義満に呼びかけた。

「さあ、将軍さま、屏風の中の虎をこちらへ追い出してくださいませ。飛び出してきたところを、この一休が縄でぐるぐる巻きにしてご覧にいれます。」

ちなみに、『古今著聞集《ここんちょもんじゅう》』巻第十一には、こんな話がのっている。

京都にある寺の壁に、名人・巨勢金岡《こせかなおか》が馬の絵を描いた。しばらくすると、寺の周囲の田畑が夜間に荒らされるようになった。だれのしわざかはわからない。ある日のこと。ある人が、絵の中の馬の足が泥でよごれていることに気づいた。もしやと思い、絵の中の馬の目をほじって潰《つぶ》しておいたところ、その夜から、田畑の被害はぴたりとやんだという。

絵の出来ばえがあまりにもすばらしかったために、描かれた馬に命が宿り、夜になると馬は壁を抜け出して、田畑の稲や野菜を喰い荒らしたのだろう。そして、日の明るい間は、素知《そし》らぬ顔で絵の中におさまっていたのである。なのに、足についた泥がもとで「足がついた」というわけ。

それにしても、例の屏風の虎と金岡の描いた馬の差は大きい。虎は、微動だにしなかった。馬は、絵から抜け出たばかりか、田畑の作物を喰い荒らすほど元気旺盛。屏風が金岡筆でなかったのは、一休の一世一代の僥倖《ぎょうこう》であったといえるだろう。

う：上杉《うえすぎ》輝虎《てるとら》

虎づくしの生涯。

享禄《きょうろく》三（一五三〇）年、越後の戦国大名・長尾為景《ながおためかげ》に男児が誕生した。庚寅《かのえとら》の年であったので、虎千代と名づけられた。

天文《てんぶん》五（一五三六）年、兄の長尾晴景《はるかげ》が家督《かとく》を相続。虎千代は城下の寺へ入門していた。七年後には元服し、長尾景虎《かげとら》と名のった。

兄の晴景は病弱で統率力を欠き、国は乱れた。景虎は、国内の反乱をつぎつぎに鎮圧して武名をあげた。天文十七（一五四八）年、晴景は景虎を養子にして隠居し、景虎は十九歳の若さで越後守護代となった。北条氏や武田氏との死闘ののち、永禄四（一五六一）年には、関東管領上杉家の名跡と職を受けつぎ、上杉政虎《まさとら》と名のった。同年、将軍・足利義輝の一字をもらいうけ、上杉輝虎《てるとら》と

改めている。

ところで、わたしたちになじみの深い「謙信」というのは剃髪後の法名《ほうみょう》。名のりはじめたのは、元亀《げんき》元（一五七〇）年とも天正二（一五七四）年ともいわれている。

ちなみに、宿敵・武田信玄との川中島の合戦は五度におよんだが、その最後の戦いは、永禄七（一五六四）年である。

とすると、世に名高い川中島の合戦は、「景虎」「政虎」「輝虎」といった名のもとに戦われたのであって、すくなくとも「謙信」の名のもとでのいくさではなかったということになる。「信玄と謙信の宿命の対決」といったフレーズは、不適切なわけだ。

ともあれ、輝虎（謙信）は、無類の戦上手《いくさじょうず》で知られた。大胆にして緻密な戦術、勇猛果敢な攻撃ぶりから、「越後の虎」と恐れられ、讃《たた》えられた。武神・毘沙門天の生まれかわりを自称し、いくさの旗じるしにも「毘」の一字を用いた。毘沙門天の使獣《おつかわしめ》は、虎。ここにも、虎が顔を出す。

さて、こうして虎づくしの生涯を送った輝虎（謙信）だが、病魔には勝てなかったとみえ、天正六（一五七八）年に春日山城で急死した。享年四十九歳。奇しくも、没年も寅年《とらどし》であった。

え：慧遠《えおん》

虎が警報器の代わり。

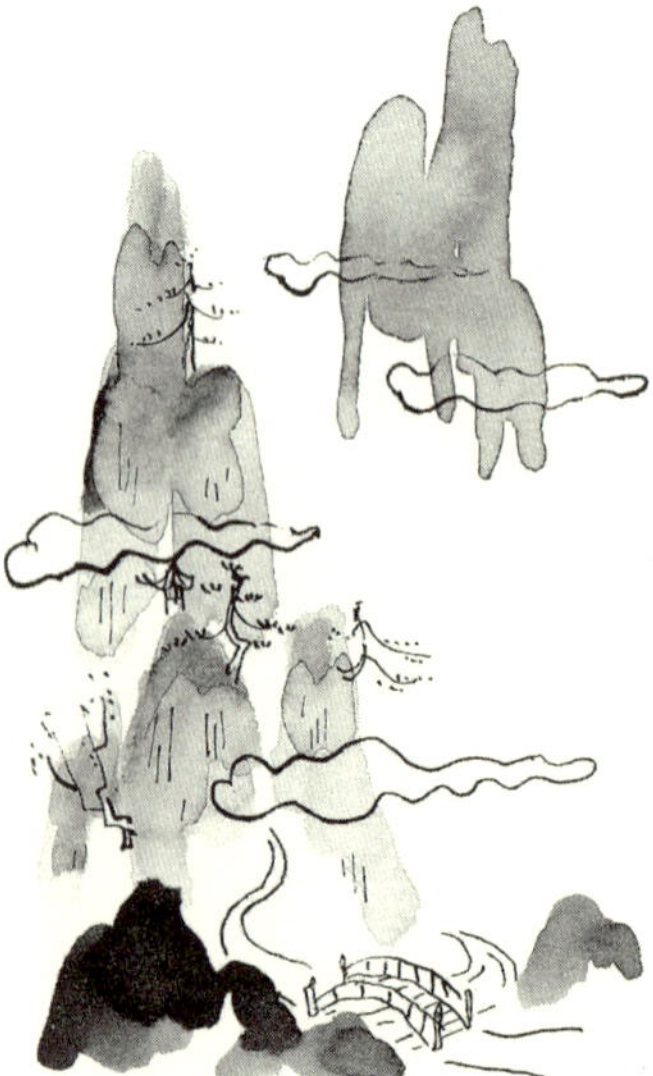

親友や恋人との別離に涙はつきものだが、中国には、朋輩が去るにあたって、たがいに呵呵大笑《かかたいしょう》したという逸話がある。世に「虎渓三笑《こけいさんしょう》」として知られる。

東晋《とうしん》の名僧・慧遠（三三四〜四一六年）は、廬山《ろざん》（江西省《こうせいしょう》）に隠逸の居をかまえて俗塵を避け、没するまで約三十年もの間、虎渓という小川をこえて山を出ることがなかった。

ただし、いっさいの社交を絶っていたわけではない。慧遠の高潔な人柄を慕って訪ねてくる者は歓待した。そして、客人の辞去の際には、名残《なご》りを惜しみ、虎渓の手前までは見送りに出た。

ある日のこと。詩人の陶淵明《とうえんめい》（三六五〜四二七年）と道士の陸修静《ろくしゅうせい》（四〇六〜四七七年）が訪ねてきた。談論風発とはこのことで、清談に花が咲き、三人は時を忘れて語り興じた。

やがて、二人が帰る段になって、慧遠は見送りに出たが、話にあまりにも熱中していたので、それと知らぬまま虎渓をこえてしまっていた。遠くから聞こえる虎の咆哮《ほうこう》ではじめてわれに返り、俗界禁足の誓いを破ってしまったことに気がついた。三人は手を打って大笑《たいしょう》したという。

この出来事は、佛教（慧遠）・儒教（陶淵明）・道教（陸修静）の三教一体の境地を象徴する故事として愛され、しばしば画題にもなった。雪舟《せっしゅう》、狩野山楽《さんらく》、池大雅《いけのたいが》、曾我蕭白《そがしょうはく》らの作品が有名である。

ところで、慧遠が廬山にはいったのは三八四年。残りの二人の生没年や事蹟と突きあわせて考えると、三巨頭の邂逅《かいこう》は史実とは言いがたいが、雅味あふれる話柄には要らぬ詮索だろう。

それにつけても、けなげなのは、境界線をこえた旨を懸命に吠えて知らせてくれた虎クン。契約者宅に設置した警報器の配線ミスのために、火事だというのに気づいてもくれなかった某警備保障会社より、よほど頼りになる。お宅でも一頭、いかが？

お：王《おう》居《きょ》貞《てい》

虎の皮を着た男。

北宋時代に成立した『太平広記《たいへいこうき》』には、こんな奇怪な話が載る。

王居貞は、都での科挙《かきょ》の試験に落ち、故郷の潁陽《えいよう》（河南省）へ戻る途中、一人の道士と道連れになったが、道士は道中、食べものをいっさい口にせず、「私は修行を積んだ身なので、霞《かすみ》を喰らって生きられるのです」とうそぶく。道士には、もうひとつ不可思議なところがあった。毎夜、手持ちの嚢《のう》から一枚の衣をとり出してかぶり、どこかへ出ていく。そして、明けがたになるとそっと戻ってくるのであった。

ある夜、王居貞は寝たふりをして道士のすきをつき、衣を奪った。見れば、縞模様《しまもよう》もあざやかな虎の皮である。「どうか返して下さい」「わけを話せば返してやろう」「私は毎夜この皮をかぶり、

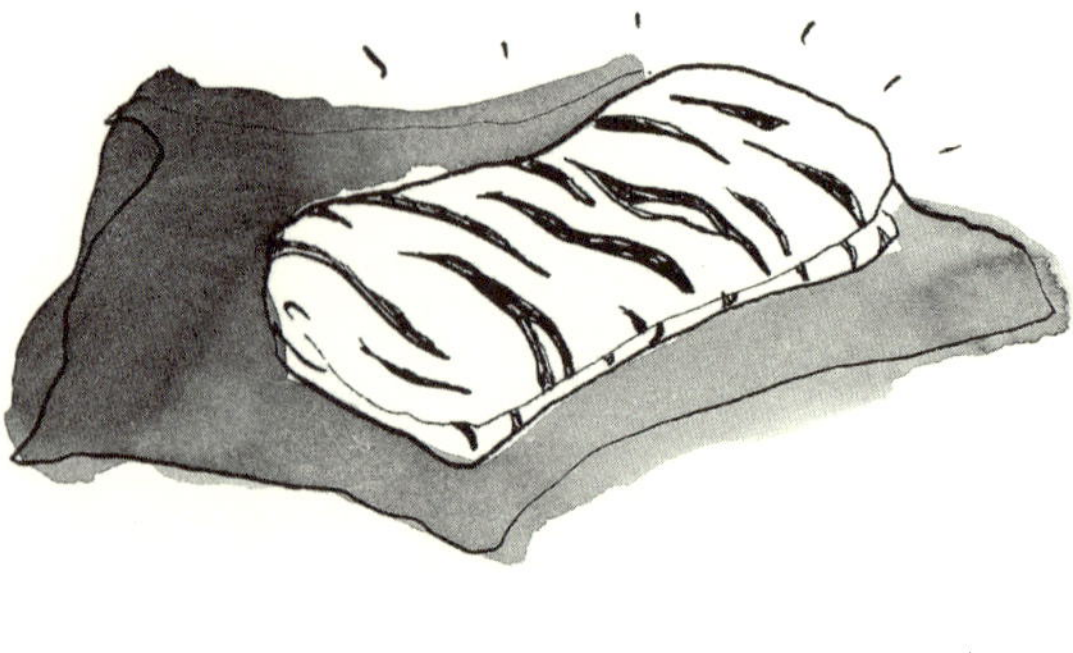

村に食べものを捜しに出かけていたのです。これを着れば、一晩で五百里（一里は約五六〇メートル）だって駆けて行けます」。

久しく家に帰っていなかった王居貞は、さっそくこの皮を着て故郷へと急いだ。わが家の前に着いたのは真夜中。門扉は閉ざされて、中へは入れない。ただ、門の外にブタが一匹うろついていたので、襲って平らげ、道士のもとへ帰って皮を返してやった。

数日後、帰宅した王居貞は、家族から、次男が虎に食い殺されたと知らされた。夜中に家の外へ出たところを襲われたのだという。聞けばその日は、彼が虎の皮をかぶって、家へ戻った日だった。

それから一、二日の間、王居貞は妙に腹がはって、食べものをうけつけなかったという（巻四三〇）。

ひとたび人肉を食した者はその味が忘れられず、以後は人肉しか口にしなくなるらしい。そして狂おしい飢餓感を満たすため、平然と殺人をおかすとも。虎の皮をかぶったことで、王居貞の内なるカニバリズム（cannibalism）が目覚めてしまったのか。この種のモチーフは、ショッキングなるがゆえに、多くの作家や画家たちが採りあげてきたが、ここではあえて映画を挙げておこう。A・バード監督の『ラビナス』（一九九八年）。掛け値なしにおそろしい作品だ。

か：加藤《かとう》清正《きよまさ》

虎退治の真相は藪の中。

太閤秀吉の命をうけ、文禄・慶長の役（一五九二年・一五九七年）で朝鮮半島へ出征した加藤清正。幼名を虎之助といった清正が、長じて虎退治で名をはせたのだから、人生は面白い。

進軍の途上、清正軍は山野に棲む虎の害に悩まされていた。将兵や馬がたびたび襲われ、ついには清正の小姓までが犠牲になった。業を煮やした清正は、源頼朝による富士の巻狩《まきがり》（建久四（一一九三）年）を手本にして一大掃討作戦を展開し、多数の虎を血祭りにあげたという。

今日では、この武勇譚の信憑性《しんぴょうせい》を疑問視する声が多い。

たしかに、異国の地で敵軍との戦闘をくり返す情況下にあって、たかだか虎相手に（失礼！）大

規模な軍事作戦を展開したとは考えにくい。もともとはイノシシなどの獣を狩った話であったものが、尾ひれがつく代わりに縞模様《しまもよう》の皮が巻かれて脚色され、いつしか虎退治の物語となったか。

あるいはこうも考えられる。たまたま山間部の敵を殲滅《せんめつ》したことをもって、「虎退治」と呼んだのだと。『風土記』や『日本書紀』が、中央政府に服属しない土俗勢力を「土蜘蛛」と賤称した事実を勘案すれば、地べたをはいずりまわる蜘蛛ではなく、勇ましい虎がひき合いに出されているだけマシといえるかもしれない。

ともあれ、肥後・熊本での清正人気は絶大である。鹿児島で西郷さんを悪く言ったり、甲子園球場で阪神タイガースをけなしたりするとタダでは済まないように、熊本で清正の虎退治譚に疑義をさしはさむとひどい目にあうから、ご用心ご用心。

結局のところ、虎退治の真相は藪の中だ。

ただし、藪は藪でも竹の藪とばかりに、朝鮮半島には、竹が生え、虎がいる。一方、日本の場合、竹は生えていても、虎はいない。清正にまつわる虎談義は、つぎの狂歌でしめくくろう。

入用《いりよう》の　竹には事を　欠かずして　虎の棲まざる　国ぞめでたき

き：鬼一法眼《きいちほうげん》

虎の巻を盗まれた陰陽師。

今日、「虎の巻」というと、教科書の安直な解説書、いわゆる「あんちょこ」を指す。落第寸前の学生諸君がずいぶんお世話になっているシロモノである。

しかし、本来は中国の兵法書『六韜《りくとう》』（全六巻）の第四巻『虎韜《ことう》』という、れっきとした書物の呼び名だ。虎にあやかり、勇猛果断さを主題としている。

この書を読めば、兵法の極意が会得できるばかりか、超人的な身体能力が身につくとあって、兵法家や武将たちは手に入れようと躍起になった。平家打倒に燃える源義経もそのひとり。京に住む陰陽師《おんみょうじ》・鬼一法眼が（写本を）所蔵すると聞き、さっそく屋敷まで出むいて掛けあったが、門前ばらいを喰ってしまった。されど、あきらめるわけにはいかない。憎き平家を滅ぼすためには、あの

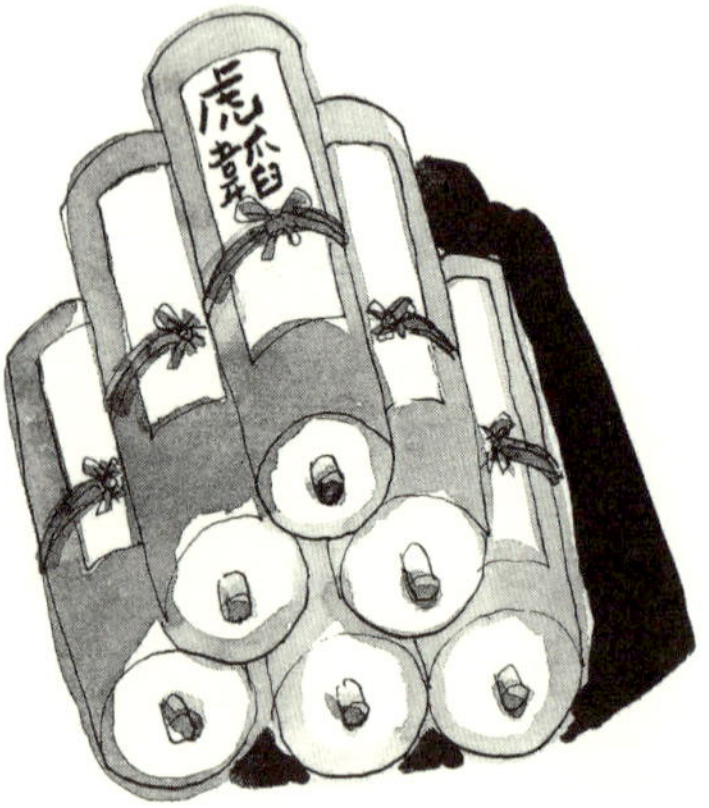

書に詰まった知見がどうしても必要なのだ。

正面突破は無理と悟った義経は、すかさず「搦《から》め手」に転じた。鬼一法眼の十六歳のひとり娘を籠絡《ろうらく》して、屋敷から虎の巻を盗みださせ、全篇を写しとってしまった。

この後の義経の事蹟を見れば、彼がこの書にいかに多くを負うているかがわかる。

まずは、五條大橋での武蔵坊弁慶との立ち合い。欄干《らんかん》のうえでヒラリヒラリと身をかわす牛若丸は唱歌でおなじみだが、この身の軽さは、虎の巻に学んだお蔭だろう（ちなみに、ふたりの実際の立ち合いの場所は、五條大橋ではなくて、五條天神と清水寺）。

また、壇ノ浦の戦において、追いすがる平教経《たいらののりつね》を振りきった「八艘飛《はっそうと》び」も、同様の身の軽さがあってこそだった（実際は八艘ではなく一艘だけだったらしい）。

さらに、一ノ谷、屋島、壇ノ浦などで次々に繰りだした奇襲戦法や天才的な戦術も、元ネタは虎の巻にあったといわれている。

それにつけても、哀れなのは、鬼一法眼の娘。偽りの恋に惑わされ、結局は「使い捨て」である。

恋の駆けひきに関していえば、義経は、虎の巻なぞ読まなくともすでに稀代の戦術家であった。

く：

黒澤《くろさわ》 明《あきら》

虎の尾を踏む男たち。

壇ノ浦の合戦以後、源義経は、その天才性を兄・頼朝に疎《うと》まれ、ついには、弁慶ら近臣ともども、討手《うって》に追われる身となった。南都東大寺勧進の山伏の姿に身をやつした一行《いっこう》がさしかかったのは、加賀国・安宅《あたか》関。関守《せきもり》は、富樫左衛門《とがしさえもん》である。鎌倉よりの使者の若侍は一行を怪しむが、富樫はとりあわない。やがて富樫は、勧進帳の聴聞《ちょうもん》を請うた。弁慶は、とっさの機転で笈《おい》にあった白紙の巻物《まきもの》を勧進帳に見立て、これを朗々と読みあげて、その場をしのいだ。

疑いが晴れ、ようやく関を通りぬけようとした時、次なる危難がふりかかった。例の若侍が、強力《ごうりき》になりすましていた義経を見咎《みとが》めたのだ。弁慶は、「これしきの荷物でふらつくから、義経公

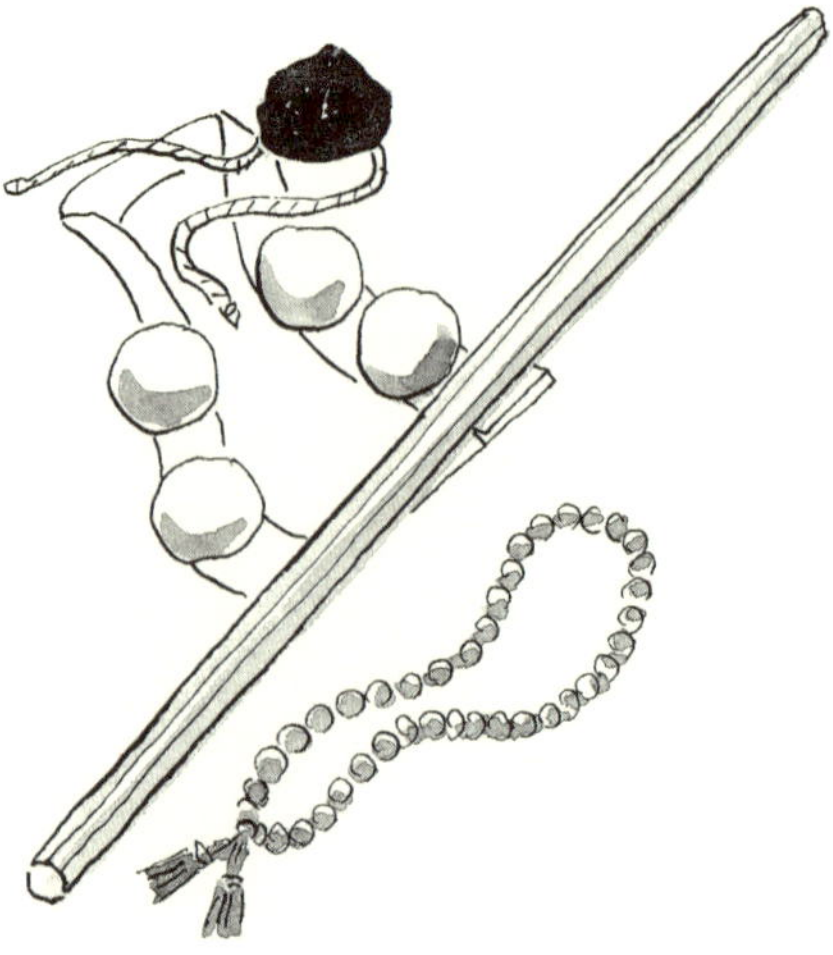

ではないかなどと疑われるのだ」と激昂し、金剛杖《こんごうづえ》でしたたかに打ちすえた。「こやつらが義経主従であろうはずがない。主君を打つ家臣がどこにあろう」という富樫のひと言で、一行はゆるされ、奥州へと急いだ。

無論、富樫は一行の正体を見抜いていた。義経の悲運と弁慶らの忠義のけなげさにうたれて、見逃してやったのだった・・・。

歌舞伎『勧進帳』はこうした調子で進むが、黒澤明監督の映画『虎の尾を踏む男達』(昭和二〇(一九四五)年)となると話がちがう。途中の村で雇われた(本物の)強力が義経（岩井半四郎）一行につき従っているのだ。扮するは、当時人気絶頂のコメディアンだった、エノケンこと榎本健一。弁慶(大河内傳次郎)が読む白紙の勧進帳を背後からのぞきこんで目を剥いたり、酒に酔ってへんてこな踊り(おそらくは即興であろう)をはじめたり、かと思うと義経の境涯に同情して涙にくれたり、ともかくも緩急自在の演技で観る者を泣かせ、笑わせてくれる。

従前の筋書きを改変して榎本の起用を決めたとき、黒澤監督には勝算が充分あったのか。それとも、虎の尾を踏むような気持ちで撮りはじめたのか。エノケンならずとも、気になるところである。

け：稽胡《けいこ》

虎の王とご対面。

唐代のできごと。狩人の稽胡が鹿の逃げこんだ小屋へ入ると、赤い衣の道士が笑っている。「ワシは虎の王じゃ。天帝の命令で、世の虎たちの食物を統《す》べておる。先刻、鹿に姿を変えてお前をここまでおびき寄せたのは、お前を喰うためなのだ。」道士は、嚢中《のうちゅう》の鹿の皮をかぶって鹿に、虎の皮をかぶって虎に変じて見せた。

命請いする稽胡にむかって道士は言った。「助けてやるかわりに、明日、自分の着物を着せた案山子《かかし》と豚の血三斗と絹一疋《いっぴき》を持って、ここへ来い。」

翌日、稽胡はそれらの品々を携えて小屋へ。道士に言われるとおり、案山子を小屋の前庭に立て、豚の血をそのそばへ置き、高い樹にのぼると、絹でからだを縛りつけた。

見届けた道士は小屋へ入ると、大きな虎となって出てきた。樹上の稽胡に襲いかかろうとしたが、うまく木に登れないのであきらめ、案山子をさんざんに喰いちぎり豚の血を飲み干すと、小屋の中へ戻った。ふたたび出てきた時には、元の道士の姿であった。「約束を守ったお前をもはや喰うことはない。安心せよ」と稽胡に告げた。稽胡は、ほうほうの態《てい》で家へ帰った（『太平広記《たいへいこうき》』巻四二七）。

計りがたいのは、人間と虎の世界を往還する道士の精神状態。稽胡に助命の策を授けた当の本人が、虎に変ずると、一転して稽胡を喰い殺そうと躍起になっている。

これだけなら、「虎になると、人間だった時の意識や記憶は失われてしまう」という説明で済みそうだが、そうもいかない。そのあとの虎の行動と、つじつまがあわないからだ。

案山子を噛み裂き豚の血を飲み干したあと、虎はいったん小屋の中へ入り、やがてなにごともなかったように道士の姿で出てきた。そこには、明らかに元の姿に戻ろうという意思が働いている。つまり、虎に変じても、人間としての自意識は残っていたことになる。

なにはともあれ、最終的に稽胡が無事でよかった。ただ、命の値段が案山子と豚の血三斗と絹一疋とは、ちと安すぎはしまいか。

こ：小西《こにし》行長《ゆきなが》

「虎に喰われちまえ。」

虎退治で名をはせた加藤清正と犬猿の仲だったのが、キリシタン大名の小西行長。堺の薬商人の次男坊が、豊臣秀吉に仕えるや、めきめきと頭角をあらわし、肥後国の南半分を与えられた。同国の北半分は加藤清正の領地。境界線をめぐっていさかいが絶えず、不仲になるのも道理である。

文禄・慶長の役では、加藤清正と先陣を争い、これを出し抜いたという。清正は、「薬問屋の小倅《こせがれ》めが・・・」と地団太をふんだが、後の祭りであった。

落語『虎狩《とらがり》』には、このふたりがそろって登場する。

朝鮮進攻で功名を争う行長と清正。行長は、策を弄して清正を窮地におとしいれようとするが、

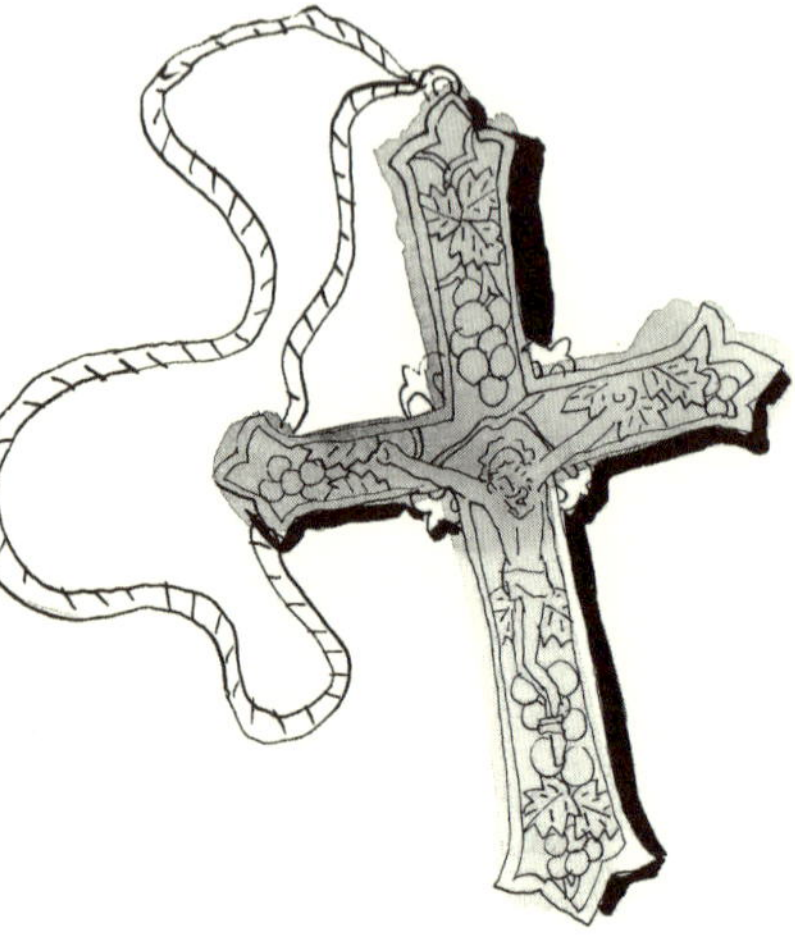

清正はなんとかふみとどまった。

そうこうするうち、清正の目の前に大きな虎がおどり出た。清正は自慢の槍で突いたが、虎の額をかすめて逸《そ》れた。気をとりなおしてもう一度突くと、虎は槍の塩首《しおくび》（槍の穂が柄《え》に接したくびれた部分）に前足をかけ、「トラ聞こえませせぬ、加藤さん。」観ていた将兵たちが、「ドウスルドウスル。」

サゲには注釈が要るだろう。虎の科白《せりふ》は、義太夫『近頃河原達引《ちかごろかわらのたてひき》』「堀川猿廻しの段」のお俊の有名な科白「そりゃ聞こえませせぬ、伝兵衛さん」をもじっている。濡れ衣を着せられた伝兵衛が、「死ぬのは俺ひとりでじゅうぶんだ」と言って、恋仲のお俊に心中を思いとどまらせようとしたとき、お俊は「そりゃ・・・」とかきくどいて、ともに死ぬ覚悟を伝えた。一方、「ドウスルドウスル」は、明治から大正期、娘義太夫にいれあげた若い衆《しゅう》が客席からかけた掛け声。それが一種のトレードマークになって、俗に「ドウスル連」と呼ばれた。

さて、話は戻って虎退治。

娘義太夫ならぬ清正の大立ち回りを観て、将兵は「ドウスルドウスル」の掛け声。しかし、行長は「お前なんぞ、そのまま虎に喰われちまえ」と心の中で祈ったことだろう。いや、敬虔なクリスチャンであったから、そのような罪深い想いは抱かなかったか。

さ：斎藤《さいとう》 道三《どうさん》

虎にはじまり、虎に終わる。

一介の油商人から身をおこした斎藤道三は、若き日、美濃の守護大名 土岐頼芸《ときよりなり》の寵臣として名をあげた。

ある日、頼芸は、槍の名手・道三に申し出た。

「そちの自慢の槍で、あの襖絵の虎の瞳をみごと突けたら、なんなりと望みのものをとらすぞよ。」

道三は妙技を披露して、虎の瞳を突いた。道三の望みのものを耳にして、周囲の者は驚愕した。所望したのは金品ではなく、頼芸の側室・深芳野《みよしの》であった。こうして、深芳野は道三にくだされた。欲しがるほうも欲しがるほうだが、与えるほうも与えるほうである。

大永《たいえい》七（一五二七）年、深芳野は嫡男・義龍《よしたつ》を生む。ただ、この出産が頼芸からの「拝領」の七ケ月後であったため、「実父は土岐頼芸」「以前から道三と密通していたので、実父はやはり道三」などと、後代までさまざまな憶測を呼ぶことになった。転んでもただでは起きない道三は、こうした噂を逆手にとり、ことあるごとに義龍をダシに使って土岐氏の家臣たちに揺さぶりをかけ、斎藤家への取りこみをはかった。父子関係はいやがうえにも険悪になっていった。

天文《てんぶん》二十一（一五五二）年には、主君・土岐頼芸を追放して美濃を完全に平定。その二年後には、土岐家の支持勢力の懐柔のために、義龍に家督を譲ったものの、次男・三男ばかりを溺愛し、ひそかに義龍廃嫡《はいちゃく》をもくろんでいたとされる。危機感をつのらせた義龍は、弘治《こうじ》元（一五五五）年、ついに挙兵。弟二人を殺害して、道三に挑んだ。一説によれば、義龍方《がた》一万二千兵に対して、道三方はわずか二千兵であった（美濃の国盗りの経緯からすれば、当然であろう）。ほどなく勝負は決し、道三は敗死した。享年六十三歳。死を前に、義龍の水際《みずぎわ》だった采配ぶりを見せつけられた道三は、「虎を猫と見あやまったは、こちらの不覚。しかし、これならば斎藤家も安泰じゃ」とつぶやいたという。

「蝮《まむし》の道三」も虎にはかなわず。しかもその虎はほかならぬわが子。道三の下剋上は、虎にはじまり、虎に終わった。

し：神農《しんのう》

頼りになる「張り子の虎」。

神農は、古代中国の伝説上の皇帝。医薬の祖とされる。世界最古（前漢ごろか）の本草書《ほんぞうしょ》（漢方医術の薬物書）『神農本草経《しんのうほんぞうきょう》』が彼の名を冠するのも、そのためである。

平安初期成立の説話集『注好選《ちゅうこうせん》』には、こうある。


　神農、山に登り野に遊びて、草木の葉を取り、一々にその味を嘗《な》む。

　一日の内に七十二の毒草に遭《あ》ひて、百度《ももたび》死し百度生く。


そこらに生えている植物を片っ端から嘗め、薬になるか毒になるかを自分の身体を実験台にして調べてあげていったというのだから、華岡青洲《はなおかせいしゅう》も真っ青の執念である。

ちなみに、百回死んだうち、毒草によるものが七十二回だったとすると、あとの二十八回の死因

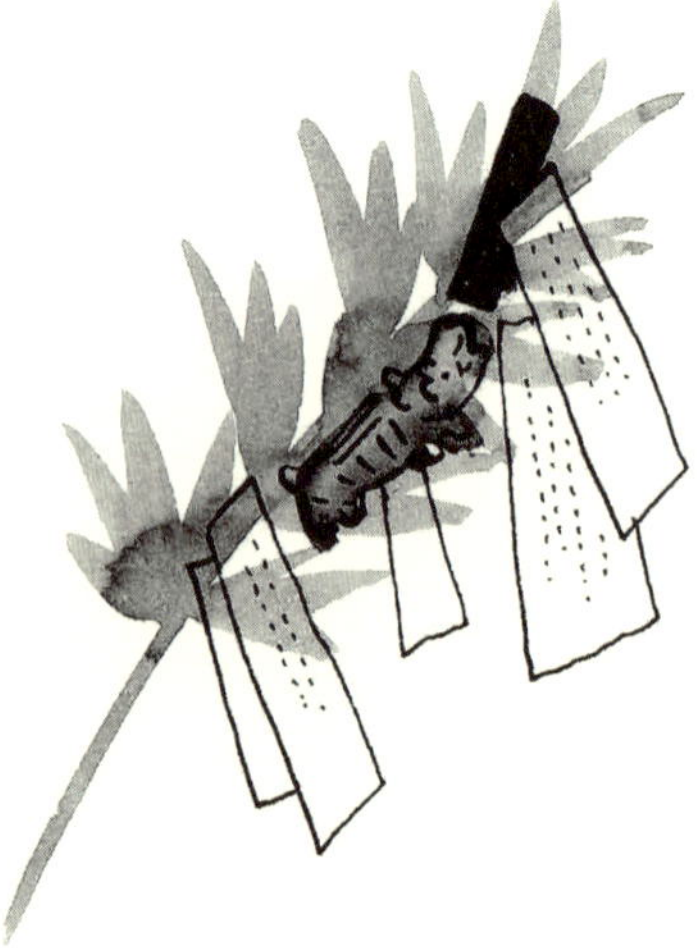

は何だったのだろうか。

さて、文政五（一八二二）年、大坂でコレラが流行したとき、罹患すれば三日で死んでしまうこの恐ろしい病気は、「三日ころり」と呼ばれ、虎と狼がいっしょにやって来るがごとしという意味で「虎狼痢」の字があてられた。人々の難儀をみかねた大坂・道修町《どしょうまち》の薬種仲間は、虎の頭骨など十種類の薬を配合した「虎頭殺鬼雄黄圓《ことうさっきゆうおうえん》」という丸薬をつくり、地元の少彦名神社《すくなひこなじんじゃ》（大阪市中央区道修町）で祈願したのち、お守りの張り子の虎とともに無料で施与した。

この少彦名神社には、日本の医薬神・少彦名命《すくなひこなのみこと》とともに、神農が祀られている。同社は一般に「神農さん」と呼びならわされている。また、毎年十一月二十二日、二十三日の祭礼の名も「神農祭」である（少彦名命サマ、ご寛恕《かんじょ》下さい）。

神農祭では現在でも、文政期の故事にちなみ、五葉《ごよう》笹につけた張り子の虎が参詣者に授与される。勇猛な虎の威勢が病魔を祓《はら》う。見かけは小さくてユーモラスな表情の張り子の虎だが、なにせ日中の二神が後ろ盾。霊験《れいげん》はあらたかである。

す：スミロドン

剣歯自慢の虎。

スミロドン（Smilodon）は、約一万年前に絶滅してしまったネコ科の肉食獣。サーベルタイガー（剣歯虎）という別称が示すとおり、上アゴには、サーベル状の剣歯（牙）が二本生えていた。長さが約二十五センチもあったから、口を閉じても牙は露出した。こうなると、もはや出っ歯とか八重歯とかいう次元ではない。

体長は約二メートル、体重は約二百～三百キログラムと推定されているから、ちょうど現在の虎ぐらいの大きさ。尾は短かった。

骨格標本をみると、骨太でがっしりした印象を受ける。かなりの筋肉質だったのではないか。特

徴は前肢。後肢よりずいぶん長い。これではあまり速くは走れなかっただろう。狩りは、獲物を追尾して仕とめるのではなく、風下から忍びよって飛びかかるスタイルだったと思われる。動きの遅い大型の動物（マンモスなど）を群れで襲うこともあったろう。

さて、スミロドンのトレードマークともいうべき剣歯だが、じつはその評価をめぐっては、研究者の間でも意見が割れている。

剣歯称賛派はいう。「スミロドンの長い剣歯にはノコギリ状のギザギザが見られる。その切断力は相当なものだ。この鋭利な剣歯でひと噛みされたら、どんな獲物もイチコロだったはず。剣歯あってのスミロドンだよ。」

他方、懐疑派の言いぶんはこうだ。「獲物を噛み殺すのに、あの剣歯は、むしろ不都合さ。だって、ガブリとやられた相手が抵抗して暴れたら、長い剣歯はたちまちポキリと折れちまう。剣歯は相手を噛み殺すためじゃなく、裂傷を負わせるのに使ったんだ。大きな獲物を群れで襲い、たくさんの傷を負わせて、相手が出血して弱ったところを仕とめたのさ。」

ちなみに、『サーベルタイガー・パーク』（ジョージ・ミラー監督、二〇〇四年）という映画がある。クローン研究で蘇ったスミロドンが施設から逃げ出して人々を襲うパニック・ムービーだ。

ここに登場するスミロドンは、はたして「噛み殺し」派か「裂き殺し」派か。それは観てのお楽しみ。

せ：禅傑《ぜんけつ》

「虎の子渡し」の名庭。

南宋代の文人 周密《しゅうみつ》の『癸辛雑識《きしんざっしき》』（続集下《ぞくしゅうげ》）によれば、「虎、三子を生まば、かならず一彪《いっし》（ヒョウのこと）あり」。

虎が三匹の子を生むと、その中にはかならず彪が一匹いる。彪は凶暴で、親虎が目を離すと、他の二匹を食い殺してしまう。

さて、ある日、虎の親子が激流を渡ることになった。子どもたちはまだ小さく、自力では渡れないから、親虎が一匹ずつくわえて対岸まで運んでやらねばならない。ところが、ここで問題が生じる。親虎が一匹をくわえて川を渡る間、岸に彪と残りの子だけが居残る形になると、その子はたちまち彪に喰われてしまうの

だ。

そこで、親虎はこうした。まず、最初に彪を対岸へ渡し、自分は戻る。つづいてもう一匹を対岸へ渡すが、ふたたび戻る際には彪を連れてくる。彪をそこへ置き、もう一匹をくわえて対岸へ。そして、最後に彪を対岸へ渡す。有名な「虎の子渡し」の逸話である。

この「虎の子渡し」の情景をうつしたともいわれるのが、龍安寺《りょうあんじ》（臨済宗妙心寺派）（京都市右京区）の方丈石庭である。七十五坪ほどの長方形の土地には白砂が敷きつめられ、五・二・三・二・三の五群十五個の石が配されている。そのありさまが、虎の親子の姿に見たてられているのだ。

宝徳二（一四五〇）年に細川勝元《かつもと》が創建した龍安寺は、応仁の乱で全焼。長享《ちょうきょう》二（一四八八）年、勝元の子・政元《まさもと》によって再興された。住職は、のちに龍安寺中興の祖とたたえられる名僧・禅傑である。

世界的に有名なこの石庭を手がけたのはだれか。相阿弥《そうあみ》（一五二五年没）との説もあるが、さだかではない。

ただ、室町期の造営を前提にするならば、作庭の実際の作業にはたずさわらなかったにせよ、住職たる禅傑の美意識が「虎の子渡し」に反映されている可能性は高いと思われる。

十五の石たちは、虎の咆哮を忘れたのか、咳《しわぶき》ひとつせず物音もたてず、今日もひっそりと白砂の中にたたずんでいる。

そ：蘇易《そえき》

恩義に報いる虎。

東晋《とうしん》の文人・干宝《かんぽう》の著わした『捜神記《そうしんき》』に、こんな話がある。

盧陵《ろりょう》（江西《こうせい》省）に住む蘇易という婦人は、お産の取りあげで名を知られていた。

ある夜、蘇易は外出先で虎にさらわれた。そして、六、七里離れた洞穴《ほらあな》の前まで連れて行かれた。中へ入って見ると、牝《めす》の虎が産気づいて、のたうちまわっている。難産で苦しんでいるのだった。

牝虎は、なにかを訴えるように、しきりと蘇易の方へ顔を向けた。虎の意向を悟った蘇易は、お産を手伝ってやった。三匹の子がぶじに生まれた。

お産が済むと、虎は蘇易をもとの場所まで連れ帰った。それからというもの、蘇易の家の門内には再三、獣の肉が届けられたという。

また、『太平広記《たいへいこうき》』にも虎の報恩譚が載る。

夜、ある男の庵《いおり》に虎がはいってきた。男が恐怖で身を縮めていると、虎は男に襲いかかるでもなく、前足で男をなでる。なにか言いたげなしぐさなのでよく見ると、虎の前足には五、六寸もあるようなトゲが刺さっていた。

男がトゲを抜いてやると、虎は身をひるがえして、夜の闇に消えていった。それ以来、男の元には、毎夜のように獣の肉が届けられるようになった。

こうした逸話について、南方熊楠は「虎や獅子や米獅《ピューマ》は時として友愛の情が甚だ盛んな性質で、自分を助けてくれた人を同類と見做し、猫や梟同前手柄自慢で種々の物を捉えて見せに来る、特に礼物進上という訳ではないが、人の立場から見るとちょうど助けてやった返礼に物を持ち来てくれる事となるのだろう」(『十二支考』)ときわめて明快に説明してくれているが、まあここはそう理知に走らず、心温まる美談として味読するのがよいだろう。

それにしても、陣痛のはじまった妊婦が救急車で病院を何十箇所もタライ回しにされる日本の医療の現状を、かの蘇易が目にしたら、なんと言うだろうか。

た：タイガーマスク

虎も「金の切れ目が縁の切れ目」。

むかしから「金の切れ目が縁の切れ目」とはよく言ったもので、梶原一騎原作の漫画『タイガーマスク』における主人公タイガーマスクと「虎の穴」との確執も、発端はカネの問題なのだ。

さて、「虎の穴」とは、スイスのアルプス山中に本部をおく悪役レスラー養成機関の名である。株式会社なのかＮＰＯなのか、組織形態はよく分からない。世界中から孤児を集めて特殊な訓練を課し、十年かけて冷酷で残虐な悪役レスラーに育てあげる。そして彼らを世界各地の有名試合に送りこみ、ファイトマネーの半分をピンハネするというエゲツない経営手法を採用していた。

タイガーマスクも、もともとは「虎の穴」出身者で、悪役レスラーとしての将来を嘱望されていた。しかし、上納金の支払いを拒否し、かせいだ金を残らず「ちびっこハウス」の救済につぎこむにいたり、ついに裏切り者の烙印をおされた。以降、タイガーマスクを抹殺すべく、選りすぐりの悪役レスラーたちが次々に送りこまれることになったのである。

ところで、「主人公が邪悪な出身母体を裏切り、差しむけられた刺客たちと死闘をくりひろげる」という構図は、『仮面ライダー』と共通している（仮面ライダーVS.悪の秘密結社「ショッカー」）。

しかし、よく考えると、ショッカーと「虎の穴」では、相手と戦う動機が異なる。ショッカーの怪人たちの究極の目標は、世界征服である。その宿願を果たすために、邪魔者の仮面ライダーを倒そうとする。彼らを突き動かすのは、政治的動機である。

ところが、「虎の穴」のレスラーたちはちがう。ひきょうな反則技こそ使うが、タイガーマスクと戦うのは、あくまでリングの上。対戦の目的は、組織の他のメンバーへの見せしめ、ひいては上納金システムの引きしめである。つまり、経済的な動機なのだ。

資本の論理に抗して、個人の想いを貫こうとしたタイガーマスク。

その企《くわだ》ての成否をお知りになりたいかたは、ぜひ同作の最終回をご覧あれ。驚愕の結末があなたを待ちうけています。

ち：倀鬼《ちょうき》

虎に喰われた人間の魂。

虎に食い殺された人間の魂が成仏できずに迷うと、倀鬼という妖怪になる。中国ではながらくそう信じられてきた。倀鬼は虎のしもべであって、虎があらたに人間を襲うための手引きをする。『太平広記《たいへいこうき》』巻四百三十一に、こんな話がある。

ある男が山道で倀鬼に出くわした。倀鬼が男に虎の皮をかぶせると、男は大きな虎に変じた。人間の心が残っているのに、虎になった男は倀鬼の命令に抗することができない。命じられると身体が自然に動いてしまい、気づくと、人間や家畜をむさぼり食っている。

ある時、寺の前を通りかかった男は、倀鬼のすきを盗んで門内へ駆けこんだ。「虎が出た」と寺は大騒ぎになったが、住僧だけは虎の正体を見抜いていた。僧は虎に人間と同じ食べものを与えて養った。

半年後、虎の体毛が抜け落ち、男は人間の姿に戻った。

二年ほどのち、男はなにを思ったか、ふらりと門外へ出た。その途端、目の前にあの伥鬼があらわれた。「ずいぶん捜したぜ」と言うが早いか、男に虎の皮をかぶせた。男はなんとか門内へ逃れたが、姿は虎に変じていた。それから一年ほど、一心不乱にお経を唱えた。すると元の人間の姿に戻れた。男は二度と寺を出なかった。

この伥鬼というやつ、どうもわけがわかったようでわからない存在である。

だいいち、虎に喰われた人間の亡魂が妖怪化したのなら、なぜその妖力を駆使して、自分を無残にも喰い殺した虎に復讐しないのか。憎き仇《かたき》に下僕として仕え、唯々諾々《いいだくだく》とその命《めい》に従うとは、情けない。

また、そこらの人間に虎の皮をかぶせて、虎の姿に変えてしまうというのも奇異である。主人の虎に献ずるために、うまそうな人間をひっつかまえてくるのならわかるが、獲物である人間に皮をかぶせて虎にしてしまったら、主人の虎は喰うものがなくなってしまう。

まあ、理屈で割りきれぬからこそ妖怪なので、野暮な詮索はこのくらいにしておこう。あまりしつこく嗅《か》ぎまわって、腹に据えかねた伥鬼に、門外で待ちぶせでもされたら、大変だ。

つ：辻《つじ》

寅の月、寅の日、寅の刻《こく》。

辻（お辻）とは、文楽・歌舞伎『摂州合邦辻《せっしゅうがっぽうがつじ》』の主人公の名前。玉手御前《たまてごぜん》と言ったほうが、通りがよいかもしれない。有名な「合邦庵室《がっぽうあんじつ》の場」の梗概は、次のとおりである。

河内国の城主・高安通俊《みちとし》の腰元・お辻は、正妻の死後、後妻に迎えられ、玉手御前と呼ばれていた。

通俊には二人の息子がいた。妾腹《めかけばら》の子が次郎丸、正妻の子が俊徳丸。家督を狙う次郎丸は、俊徳丸暗殺を画策する。

美貌の俊徳丸に懸想《けそう》する玉手御前は、俊徳丸に毒酒を飲ませる。俊徳丸は、両眼潰れ面相も醜く崩れて業病者となり、恋人の浅香姫《あさかひめ》とともに、玉手御前の実家である合邦夫婦のもとに身を寄せる。

そこへ玉手御前がやってきて、浅香姫から俊徳丸を奪おうとする。合邦はやむなく娘の腹へ刀を突き立てた。

ここに及んではじめて、玉手御前は本心を明かす。

次郎丸の陰謀から俊徳丸を救うため、わざと邪恋をしかけ、毒酒を飲ませて屋敷から立ちのかせたこと、自分の肝臓の生き血を　飲ませたら俊徳丸の病いは本復すること。

こう言い残して、玉手御前は息絶えていく・・・。

俊徳丸に飲ませるのは、なぜ玉手御前の肝臓の生き血でなければならなかったのか。その答えは、毒薬を調合した典薬法眼《てんやくほうげん》の見立てにある。

曰く「寅の月、寅の日、寅の刻に生まれた女の肝臓の生き血ならずば、この病《やまい》は本復せず。」

その条件にあう運命の人が、ほかならぬ玉手御前だった。

義理の息子を守るために偽りの恋をしかけ、みずからの生き血を提供して業病から救い出す烈女。

そこから「虎」が連想され、「寅の月、寅の日、寅の刻」生まれという設定になったのだろう。

ただ、こうした作劇上の工夫も太陰暦の時代なればこそ可能だった。いまや自分の生まれ月の干支を知る者など、まずいないだろう。

て：天道《てんどう》公平《こうへい》

海に棲む虎。

現代の難訓語辞典は「海鼠」の項に「なまこ」と記すが、むかしはこれを「こ」とよんだ。すでに『古事記』が、「海鼠」と書いて「こ」とよませている。したがって、「なまこ」は「生の『こ』」、「このわた」は「『こ』の腸《わた》」の謂である。おなじ理屈で、平安期の百科事典『和名類聚抄《わみょうるいじゅうしょう》』に載る「虎海鼠」は、「とらこ」ないしは「とらご」とよむ。

では、この「とらこ」「とらご」とはなにか。江戸期の図説百科事典『和漢三才図会《わかんさんさいずえ》』は、これを「なまこ」の異名として、つぎのように説明する。

大抵五七寸、骨鱗なく、尾、鰭もなし。背円く浅青色。

また、黄を帯びるものあり。略そ虎彪《ふ》に似たり。
以て虎児《とらご》と名づく（巻五十一）。

虎の体紋に似ているので「とらこ」「とらご」というわけだ。

ところで、この虎児（海鼠）に魅せられた文豪がいる。夏目漱石である。細君が長女を無事に出産した際には、「安々と 海鼠のごとき 子を生めり」と詠んで新生児を海鼠に擬しているし、名作『吾輩は猫である』では、天道公平なる人物にこう言わしめている。

はじめて海鼠を食い出せる人はその胆力において敬すべく、
はじめて河豚を喫せる漢《おとこ》はその勇気において重んずべし。
海鼠を食《くら》える者は親鸞の再来にして、河豚を喫せる者は日蓮の分身なり。

漱石には悪いが、天道の所説には異論がある。海鼠という生きものは、柔らかいしトゲはないし噛みつく心配もない。どこかのお調子者が好奇心に駆られて、逆にこちらから噛みついたとて不思議はなかろう。親鸞聖人を持ち出す必要はまったくない。

また、河豚についていえば、真に称賛さるべき者はほかにいる。それは、河豚の中毒死者が出たそのつぎに河豚を食べた者だ。この場合、単なる好奇心では済まない。死ぬ覚悟が必要だった。というのも、すでに死者が出ていて、河豚の毒性は明らかだったから。天道による「日蓮の分身」という賛辞は、その者にこそふさわしい。

と：虎御前《とらごぜん》

虎の目にも涙。

建久四（一一九三）年五月二十八日、征夷大将軍・源頼朝は、富士の裾野で大規模な巻狩《まきがり》をおこなった。このとき、世に名高い「曽我兄弟の仇討《あだ》ち」が起こっている。曽我十郎祐成《すけなり》、五郎時致《ときむね》の兄弟が、父の仇《かたき》・工藤左衛門尉祐経《すけつね》を討ち果たしたのである。

ここで止めておけば、「あっぱれ、武士の鑑《かがみ》」ということで、幕府から褒美のひとつも出たかもしれない。

しかし、このあとがいけなかった。こともあろうに将軍・頼朝の宿所にまで押し入ったのである（兄弟の支援者であった北条時政の教唆《きょうさ》説がささやかれている）。

こうなってしまうと、両人は反逆者。兄・十郎は仁田忠常に斬り殺され、弟・五郎は生け捕りにされたのち、祐経の子息らによってなぶり殺しにされた。

さて、兄・十郎には、三年越しの愛人がいた。相模国大磯の遊女で、名を虎御前といった。寅の年、寅の月、寅の日に生まれたゆえに、こう名づけられたという。

十郎が富士の裾野で落命したとき、虎御前はわずか十九歳であったが、兄弟の死後、その菩提をとむらうべく尼となった。信濃善光寺に納骨を済ませたのち、庵をむすんで念仏三昧の余生を送ったといわれる。享年は五十三歳、六十四歳など諸説ある。

ちなみに、旧暦五月二十八日は、かならず雨天になるといわれる。「虎が雨」「虎が涙雨」と呼ばれる。最愛の夫・十郎の死を悼んで虎御前が流した涙。それが雨となって降りそそぐという見立てである。俳句の夏の季語にもなっていて、味わい深い句が多い。

これもまた　五月のけふの　泪雨《なみだあめ》（中川乙由《おつゆう》）

虎が雨　など軽んじて　ぬれにけり（小林一茶）

五月二十八日にめずらしく雨が降らなかった年には、こんな句も。

年ふれば　虎も泪や　忘れ草（上島鬼貫《かみじまおにつら》）

小野小町は和歌の歌徳で、虎御前は哀惜の情で雨を降らせた。究極の「雨女《あめおんな》」はどちらか、にわかには決めがたい。

な：

虎ノ門のテロリスト。

難波《なんば》大助《だいすけ》

東京都港区に、虎ノ門というところがある。けっこう有名な地名なのだが、呼称の由来となるといまひとつはっきりしない。「江戸期、朝鮮から将軍家へ献上された虎を江戸城内へ運びこむ際、虎の檻《おり》を通すために門を広げたから」という説があるが、史実とは考えにくい。「中国の四神相応（北：玄武、東：青龍、南：朱雀、西：白虎）思想の『白虎』にあやかった」という人もあるが、虎ノ門は江戸城の南にあたるから、方角があわない。

結局、真相は藪の中。相手が虎だから、仕方あるまい。

ともあれ、皇室や警察の関係者に限っては、いまだに、「虎ノ門」と聞くとぞっとするだろう。

なにせ虎ノ門事件の現場だから。

大正十二（一九二三）年十二月二十七日午前十時四十分、帝国議会の開院式のため、赤坂離宮から議事堂へ向かっていた裕仁皇太子の車両に、虎ノ門の交差点にいたテロリスト難波大助がステッキ銃を発射した。窓ガラスは割れたが、皇太子は無事。難波は現行犯逮捕され、十ケ月余の取調べののち、大正十三（一九二四）年十月一日・二日の大審院公判を経て、十一月十三日に死刑判決を受けた。死刑の執行は十五日。享年二十五歳であった。

この事件が当時の日本社会に与えた衝撃はすさまじかった。明治二十四（一八九一）年の大津事件では、ロシア皇太子が実際に刺されて負傷したが、辞職したのは外相や内相らだけで、松方正義内閣は存続した。しかし、虎ノ門事件では、山本権兵衛内閣は総辞職し、警視総監・警視庁警務部長・虎ノ門所轄の警察署長らが懲戒免官となった。さらに、難波の出身地・山口県の知事は二ケ月二割の減俸、難波が立ち寄った京都府の知事は譴責《けんせき》処分、難波の出身小学校の校長と担任は辞職に追いこまれた。

なお、山口県選出の代議士であった父親はただちに辞職、自宅で閉門蟄居《ちっきょ》して食を断ち、みずから餓死している。

今日、虎ノ門を行きかう人で、難波大助の名を知る者はなかろう。

テロも怖いが、いくら八十数年たっているとはいえ、これだけの大事件がかくもみごとに忘却（隠蔽？）されていることも、怖い。

に：仁木《につき》弾正《だんじょう》

虎の威を借る狐。

安永六（一七七七）年初演の歌舞伎『伽羅先代萩《めいぼくせんだいはぎ》』の「問註所対決の場《もんじゅうしょ》」は、奥州・足利家をめぐる忠臣と奸臣《かんしん》の一種の裁判劇である。

原告（忠臣側）は、渡辺外記左衛門《げきざえもん》、渡辺民部《みんぶ》、山中鹿之助《しかのすけ》ら。被告（奸臣側）は、仁木弾正ら、裁くのは室町幕府の管領・山名宗全《そうぜん》であった。ただ、この裁判、最初から外記たちに分《ぶ》がなかった。頼みにしていた細川勝元《かつもと》が上使の役で他所へ出むいてい不在。裁きは宗全ひとりの手に委ねられていた。しかも、この宗全が、弾正らと裏で通じているのである。外記らが弾正の陰謀を言い立てても、宗全は証拠不十分だといって取りあわない。外記らの敗訴が濃厚になったそのとき、救いの神ともいうべき勝元が遅れて姿をあらわす。勝元はいう。「ある時、虎が一匹の狐を得て、ただひと噛み

に喰わんとする。狐曰く、汝我を喰らわんと云うは大いなる僻事《ひがごと》じゃ。天帝我をして百獣の霊長たらしむ。おそらくは獣の長《おさ》じゃ。我云うことを偽りと思わば、そちの先へ立って行くほどに、俺の勢いを見やれなどと、虎の先へ立ってゆうゆうとゆく。諸々の獣、後より虎の来るに恐れおののき、頭《こうべ》を垂れて、身動きもせなんだとある。狐曰く、なんと虎殿、我の勢いを見たかどうじゃ、と申した。全く虎めが愚かしさに、おのれに恐るる事を知らず、ついには狐にたぶらかされたとある。汝ごときは虎の威を借る狐じゃ。その狐の云うことをよい事と心得て、そこらあたりの虎殿が深き穴に陥るとも知らず、うかうか狐にたぶらかさるるとは、虎は大きなたわけ者でござるて。ハハハハ。」

有名な故事をひきながら、弾正の「虎の威を借る狐」ぶりを指弾し、あわせて、「うかうか狐にたぶらかさるる」虎としての宗全を痛烈にあてこすっている。

こうしたセリフを言い放った勝元が、この後、どのような「大岡裁き」いや「勝元裁き」をおこなったかは、劇場で実際のお芝居をご覧になってのお楽しみ、ということにしておこう。

ぬ‥鵺《ぬえ》

猿・狸・蛇・虎の合成獣。

トラツグミという鳥がいる。別名を「鵺」という。体長三十センチくらいのスズメ目ツグミ科の鳥。体紋からの連想で、名前に「虎」がつく。夜中に森の中で「ヒー、ヒー」とさびしげな声で鳴くので人々に気味悪がられ、地獄鳥という気の毒な異名までたてまつられている。

『平家物語』巻第四で、源頼政《よりまさ》が射止めた妖怪には、もともとは名前がなかった。御所の上空に黒雲としてわだかまり、毎夜、鵺に似た声で鳴く正体不明のあやかしであった。声はすれども姿は見えず。仕方なく、鳴き声から「鵺」と呼ばれるようになったのである。

近衛院に鵺退治を命じられた源頼政は、寵臣・猪早太《いのはやた》とともに敵を待ち受けた。やがて飛来した黒雲をみると、中で何者かの気配がする。「南無八幡大菩薩」と念じながら射ると、手ごたえがあり、妖怪は地上へ落ちて来た。猪早太が駆け寄ってとり押さえ、刀で続けざまに九回刺して、息の根をとめた。頭は猿、胴体は狸、尾は蛇、手足は虎という恐ろしい姿であった。天皇は感心して、師子王《ししおう》という剣を頼政に与えた。

この逸話をふまえ、江戸の川柳子はこう詠んだ。

射落とすと　十二支四匹　いどみあひ

射落とされた鵺は、頭が猿（「申」）、尾が蛇（「巳」）、手足が虎（「寅」）であるから、十二支獣のうちの三匹。これに、猪早太の「亥」が加わって、合計で「十二支四匹」という寸法である。

それにつけても、気の毒なのは猪早太。鵺に命がけで組みついてとどめを刺したのに、恩賞がないとは・・・。近衛院のミスだろう。

ところで、退治された鵺の死骸は、うつぼ舟（木をくりぬいた丸木舟）に入れて淀川へ流された。流れ着いたのは現在の大阪市都島付近。村人はたたりをおそれ、塚を築いてねんごろに弔ったという。同地にはいまでも鵺塚（都島区都島本通）が残る。また、漂着したのは芦屋の浜辺だったという伝説に基づいて、兵庫県芦屋市浜芦屋町にも鵺塚が立つ。

都島か、はたまた芦屋か。鵺は、死してなお神出鬼没なのだ。さすが、都を騒がせた妖怪だけのことはある。

ね：ネルー

虎による爆弾テロ。

ジャワーハルラール・ネルー（一八八九〜一九六四年）は、一九四七年に独立したインドの初代首相兼外相。有名な著書『父が子に語る世界歴史』の中では、イラクの例をひき、国際連盟から委任統治権を付与されたイギリスに身を任せて委任統治領となることを「一定数の牛もしくは鹿の利益を守るために、虎の手を借りるようなものだ」と評した。帝国主義勢力は、虎のごとき獰猛さで他国を襲い、喰い荒らす。そのことをネルーは熟知していた。

このネルーのひとり娘が、インディラ・ガンジー（一九一七〜一九八四年）。フェローズ・ガンジー（一九一二〜一九六〇年）（マハトマ・ガンジー（一八六九〜一九四八年）との血縁関係はない）と結婚し、ラージーブ（一九四四〜一九九一年）とサンジャイ（一九四六〜一九八〇年）の二人の息子を授かった。

インディラは、偉大な父の遺志を継いで政治家となり、政界に身を投じ、一九六六〜一九七七年に続き、一九八〇年にも首相になったが、一九八四年にシーク教徒の凶弾に倒れた。生前のインディラは、サンジャイを後継首相にと考えていたが、一九八〇年に飛行機事故で死亡したため、急遽、それまで民間航空機のパイロットだったラージーブを政界へ引き入れた。ラージーブは、インディラが死亡した当日、インド最年少の首相に選ばれている。

悲劇は、一九九一年の総選挙期間中に起こった。一九八九年の汚職事件で首相を辞職していたラージーブは、再選をめざして遊説に余念がなかった。スリペルムブドルという町でも、いつものようにおおぜいの支持者をかきわけ、登壇しようとした。その時、聴衆の中から飛び出した女性が、ラージーブに抱きついた。と同時に爆弾が炸裂、ラージーブは即死した。自爆テロによる暗殺だった。現地の捜査当局によると、刺客を送りこんだのはスリランカの「タミル・イーラムの虎（LTTE）」勢力だという。

インドを狙う虎は、なにもイギリスだけではなかったのである。可愛い孫が爆裂する虎の犠牲になったと知って、泉下のネルーはどれだけ悲しみ、憤ったことだろう。

の‥

寅さんの呪縛。

野村《のむら》芳太郎《よしたろう》

ある俳優に世間的な成功をもたらした代表作が、やがて彼（彼女）にとって人生最大の重荷となるケースは多い。映画『サイコ』（一九六〇年）で変質者ノーマン・ベイツを演じたアンソニー・パーキンスは、ベイツのイメージを払拭できないまま、失意のうちに一九八二年に死んだ。映画『エクソシスト』（一九七三年）で悪魔にとり憑かれた少女リーガンを演じたリンダ・ブレアは、「悪魔憑き女優」のレッテルが重荷となって、いまだ良い作品に恵まれない。映画００７シリーズのジェームズ・ボンド役で世界的な名声を得たショーン・コネリーは、その後、演技派として認知されるまでに、相当の年月を要した。

映画『男はつらいよ』（山田洋次監督・昭和四十四（一九六九）年）で一躍、国民的スターとなり、以後三十年ちかくも「フーテンの寅さん」の看板を担いつづけた渥美清の苦衷は、察してあまりある。寅さんの呪縛にとらわれる以前の渥美清を観たいなら、映画『白昼堂々』（昭和四十三（一九六八）年）がお勧め。監督は野村芳太郎である。

渥美扮する渡辺勝次は、かつては名うてのスリだった。しかし、敏腕刑事・森沢（有島一郎）に諭されて足を洗い、九州の炭鉱で働いていた。ところが炭鉱がつぶれると、勝次はふたたび悪の道へ。むかしのスリ仲間とチームをつくり、集団万引きをくり返すようになった。高級洋品の生地を盗んでは、仲間の妻の経営する洋品店で売りさばいて儲けた。やがて、勝次は美人スリのよし子（倍賞千恵子）と結婚する。勝次にだまされた恰好の森沢は憤り、勝次の仲間をつぎつぎに逮捕していった。よし子も捕まった。追いつめられた勝次は、デパートの売上金二億円の強奪計画にいどむ…。

本作での渥美と倍賞は、ともに犯罪者役。しかも結婚までしてしまう。このふたりが、のちの『男はつらいよ』シリーズでは、仲のよい兄妹に扮するのだから皮肉だ。野村の演出は巧みで、社会のハミ出し者たちの哀歓をテンポよく描いて、観る者を飽きさせない。

野村は、『八つ墓村』（昭和五十二（一九七七）年）でも渥美とタグを組み、主役の金田一耕助に起用している。野村は、寅さん以外の渥美も愛した。

は：ハリマオ

弱きを助け強きをくじく虎。

町の酒場で、

　まっかな太陽　燃えている　果てない南の　大空に
とどろきわたる　雄叫びは　正しい者に　味方する
ハリマオ　ハリマオ　ぼくらの　ハリマオ

とアカペラで唄うオジサンを見ることも、まれになった。曲名は『快傑ハリマオ』（よくまちがわれるが、「怪傑」ではない）。作詞は加藤省吾、作曲は小川寛興、歌は三橋美智也で、同名のテレビ映画の主題歌である。『快傑ハリマオ』は、昭和三十五（一九六〇）年四月から翌年六月にかけてNTVテレビ（現在の日本テレビ系）で放映され、大人気を博した。

ハリマオとは、マレー語で「虎」の意。勝木敏之《かちきとしゆき》扮する正義の味方ハリマオは、圧政にあえぐ東南アジア某国の民衆を救うべく、悪徳商人や秘密結社の連中を相手に、獅子（虎？）奮迅の活躍をみせる。

そのいでたちは、南国ムードたっぷりに、頭にはターバン、黒サングラス、派手なシャツに白いズボン。また、善玉といえども丸腰《まるごし》では戦えないので、腰には拳銃。ベルトのバックルはもちろん虎である。馬にのって登場するのがニクイ。

なお、視聴者の大半が子どもであることを意識してか、ハリマオの仲間も子どもである。たとえば日本人の少年・太郎は、姉を捜すうちにジャカルタでハリマオと出会い、盟友となった。この少年の十八番は、拳銃の早撃ち。銃刀法もへったくれもない設定に拍手。

主人公の勝木敏之は、俳優座研究所八期生であるという。ハリマオに扮した彼を見て、「タモリと井上陽水を足して二で割ったような顔だ」と評した人がいたが、言い得て妙である。

山野をのし歩く本物の虎は、相手が善人だろうが悪人だろうが、喰ってしまう。しかし、快男児ハリマオがやっつけるのは、悪人だけだ。

いまの日本にも、マレーの虎たるハリマオがあらわれてほしい。獲物にぴったりの悪人が、それこそゴマンといる。

ひ：左《ひだり》甚五郎《じんごろう》

虎との競争。

日光東照宮（どこに国宝の値うちがあるのか、なんど観てもピンとこない）の眠り猫などで知られる伝説的な名工・左甚五郎。

その生涯には謎が多い。正確な生没年は不明。出身地も定かでない。一説には、飛騨の産ともいう。「ひだのじんごろう（飛騨の甚五郎）」が訛《なま》り、「ひだりじんごろう」と呼ばれるようになった由。俗伝とはいいながら、ふしぎな説得力がある。

こんな話がある。むかし、左甚五郎が、ある寺の仏間《ぶつま》の欄間《らんま》に、ねずみを彫った。

その出来ばえがあまりにすばらしかったために、ねずみには命が宿り、夜になると欄間を抜け出

し、寺じゅうを走りまわって僧たちを困らせた。そのうわさはまたたくまに広がり、「さすが天下一の名工よ」「神業《かみわざ》よ」と、人々は甚五郎を誉めそやした。

そうこうするうち、甚五郎の名声をこころよく思わない仕事仲間のひとりが、虎の像を彫り、仏間にデンと据えた。

すると、虎の威勢におじけづいたからか、その夜から、ねずみのイタズラはぴたりとやんだ。「虎のねずみ退治」として、これまた大評判になった。

おもしろくないのは、甚五郎である。腹に据えかねた甚五郎は、ある夜、仏間のようすをたしかめに行った。

見れば、自分が彫ったねずみは、ちゃんと命を得て、生きたねずみへ変じている。しかし、以前のようにそこらを駆けまわったりせず、欄間の中でただ身をすくめて、じっといるばかりである。

甚五郎は、仲間の彫った虎の像をまじまじと見てみた。なんともおそまつな出来である。甚五郎はねずみに呼びかけた。

「おい、おまえさん、まさかこんな出来損《そこ》ないの虎が怖くて、そこでブルブル震えてるんじゃあるまいね?」

これを聞いたねずみが言うには、

「ええっ?　これって、虎だったのかい。おれはてっきり、猫かと思ってた。」

ふ：虎退治ならおまかせ。

武松《ぶしょう》

虎退治といえば、日本では加藤清正が定番だが、中国では多くの人が『水滸伝《すいこでん》』（居酒屋チェーンの屋号『酔虎伝』はこれのもじり）の豪傑・武松《ぶしょう》を連想する。

拳法の達人で無類の酒好きでもある武松は、酒のうえでのいざこざから、地元である清河《せいか》県の役人をなぐって気絶させせた。てっきり殺してしまったと早合点した武松は官憲の手をのがれるために故郷を離れたが、一年余ののち、風のたよりでその役人が死んでいなかったと聞いたので、ひさしぶりに帰郷しようと道を急ぐ。途中で立ち寄った居酒屋（もちろん「酔虎伝」

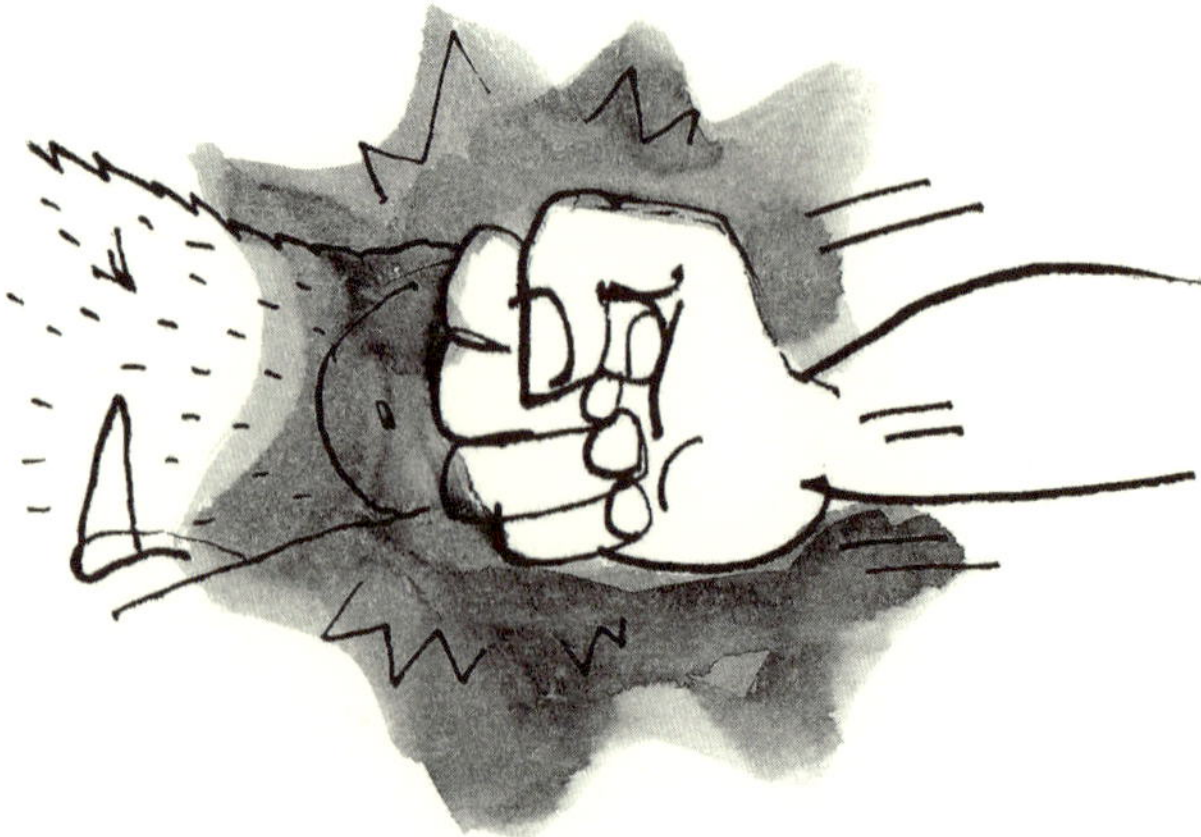

ではない）の親爺《おやじ》から、「この先の景陽岡《けいようこう》の峠には人喰い虎が出るから通らないほうがよい」と言われるが、聞き流して峠をのぼる。すると、うわさどおりの大虎が出て、襲いかかってきた。はじめは拾った棒で応戦していたが、折れてしまったので、とうとう素手での勝負になった。とはいえ、もともと武松は拳法の達人。大虎の頭を左手でぐっと地面へ押さえつけ、右手の鉄拳で五、六十回なぐりつけたから、大虎は目、口、鼻、耳から血を流し絶命した。

ちなみに、この逸話に狂喜したのが、江戸期の戯作者 滝沢馬琴。代表作『南総里見八犬伝』第六輯《しゅう》巻之一第五十二回の犬田小文吾悌順《いぬたこぶんごやすより》の武勇譚は、武松の虎退治に想を得ている。ただし、日本には虎が棲まぬので、犠牲となるのは大猪である。犬田のお手なみを見てみよう。

草むらから跳んで出てきた大猪。犬田はひらりと身をかわして、わき腹を蹴ったが、大猪はひるまずにふたたび向かってきた。そこで犬田は身をおどらせて、大猪の背中へまたがった。刀を抜く間がなかったので、左手でイノシシの耳をつかみ、右手の拳《こぶし》でイノシシの眉間《みけん》のあたりを連打した。イノシシの頭蓋骨はくだけ、目玉が外へとび出て、血へどを吐いて死んだという。

『水滸伝』や『南総里見八犬伝』が、動物愛護団体による焚書《ふんしょ》の憂き目に遭ったはなしは聞かない。武松や犬田が人気者だからだろう。かの虎や猪は、気の毒なことこのうえない。

へ：平城天皇《へいぜいてんのう》

息子を虎に喰われた天皇。

桓武天皇の第一皇子。皇太子だった早良《さわら》親王が、長岡京造営司・藤原種継《たねつぐ》暗殺事件の首謀者として廃されたために代わって皇太子となり、桓武天皇の崩御とともに大同元（八〇六）年に即位した。翌年には、参議を廃止し、観察使（国司・郡司の勤務評定をおこなう官職）を新設するなど精力的に執務にあたったが、大同四（八〇九）年には病気のため、皇太子だった実弟の神野《かみの》親王に譲位して上皇に。神野親王は即位して嵯峨天皇となった。また、第三皇子の高丘《たかおか》親王を嵯峨天皇の皇太子に据えた。ところが、やがて上皇の健康状態は回復。わずか三年余で譲位して権

力への未練が大きい上皇は、嵯峨天皇の執政にしばしば干渉して対立。藤原種継の遺児である藤原仲成《なかなり》・薬子《くすこ》兄妹らと共謀してクーデタを計画するが、弘仁元（八一〇）年に嵯峨天皇側の知るところとなり、未遂に終わった。仲成は射殺《いころ》され、薬子は自殺した（薬子の乱）。

これにより、高丘親王は皇太子を廃され、皇位への道は断たれた。この後、親王は出家して、東寺や東大寺などでひたすら仏道修行に励んだ。斉衡《さいこう》二（八五五）年には、東大寺大仏修理検校《けんぎょう》にも任じられている。やがて、親王は天竺行きを決意。貞観《じょうがん》四（八六二）年に渡唐し、二年後には長安入り。そして、はやくも翌年には、天竺を目ざして出発している。その後の旅程ははっきりわからないが、途中の羅越《らえつ》国（マレー半島の南端付近か）で虎に喰われて客死《かくし》したという。鎌倉期の説話集『閑居友《かんきょのとも》』はこう伝える。

さて、やうやうすすみゆくほどに、つひに虎にゆきあひて、むなしく命おはりぬとなん。

ちなみに、平城天皇は寅年生まれ。薬子の乱も寅年だったし、射殺された重臣・藤原仲成も寅年生まれであった。しかも、息子の高丘親王の死因が虎とは・・・。因縁というのは恐ろしい。

ほ：ほかひ

『万葉集』の虎。

「ほかひ」は「乞食者」と書く。字面《じづら》から、路上で物乞いをする人をつい想像してしまうが、それはちがう。ほかひとは、寿歌《ほぎうた》を唄って門づけをする漂泊の芸能者のことだ。

『万葉集』巻第十六には、ほかひの歌が収録されている。

愛子《いとこ》　汝背《なせ》の君　居《を》り居りて　物にい行くとは　韓国《からくに》の　虎《とら》といふ神を　生け捕りに
八《や》つ捕り持ち来《き》　その皮を　畳《たたみ》に刺し　八重畳《やえだたみ》　平群《へぐり》の山に　四月《うづき》と　五月《さつき》の間に　薬猟《くすりがり》
仕《つか》ふる時に・・・（中略）・・・　さ牡鹿《をじか》の　来立ち嘆かく　たちまちに　われは死ぬべし

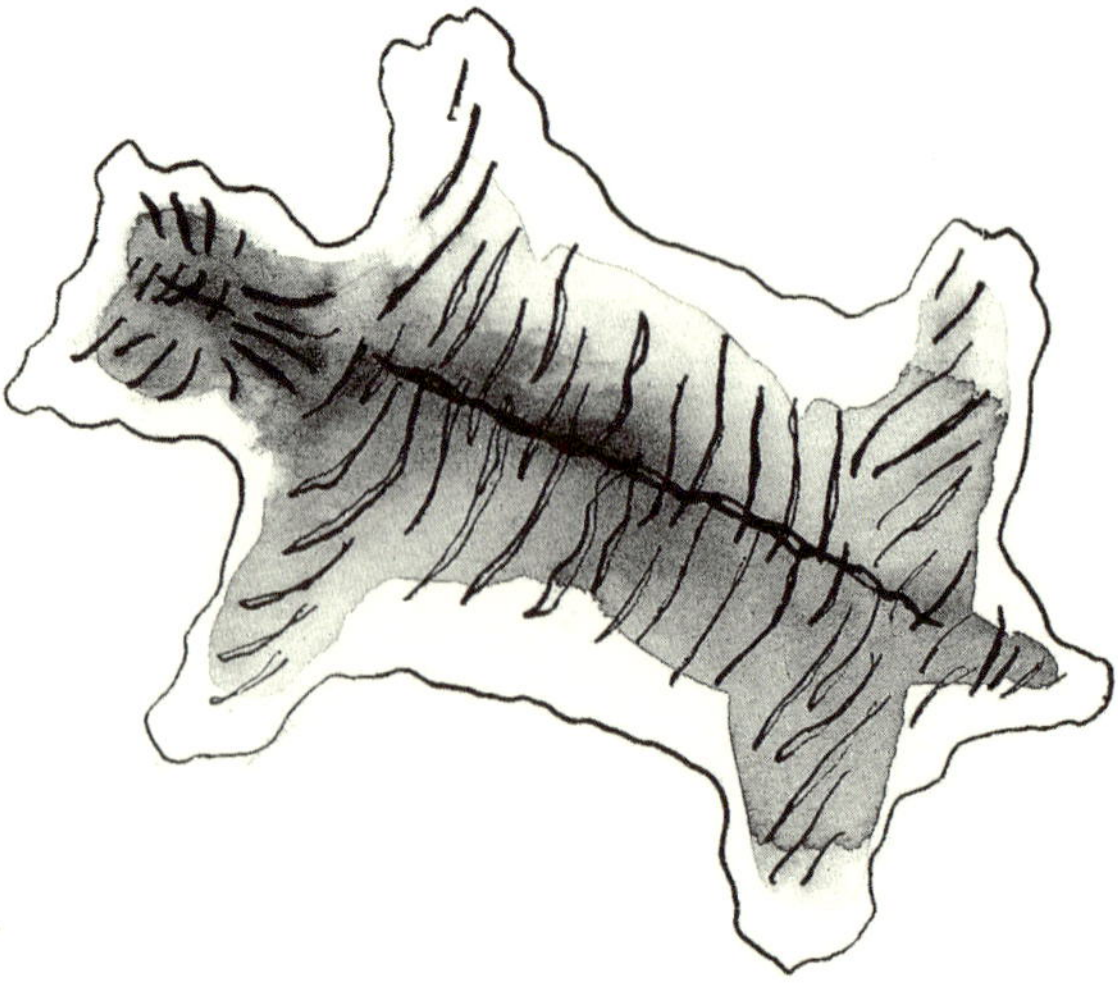

大君《おほきみ》に　われは仕えむ　わが角《つの》は　み笠《かさ》のはやし　わが耳は　み墨坩《すみつぼ》　わが目らは
真澄《ますみ》の鏡　わが爪は　み弓の弓弭《ゆはず》　わが毛らは　み筆はやし　わが皮は　み箱の皮に
わが肉《しし》は　み膾《なます》はやし　わが肝《きも》も　み膾はやし　わがみげは　み塩《しほ》のはやし
老いたる奴《やっこ》　わが身ひとつに　七重《ななえ》花咲く　八重《やえ》咲くと
申《まを》しはやさに　申しはやさに。

ほかひは鹿になりかわり、「鹿のわたしは、ひとたび狩られるや、からだのあらゆる部位が大君のお役にたつ。これほど光栄なことはない」とたくみに詠み、天皇を称《たた》え寿《ことほ》ぐ。修辞とはいえ、捕えられるや早々に皮をはがれて敷物にされた八頭の虎はただ哀れなだけで、勇猛さはみじんもない。

他方、巻第二には、柿本人麻呂の歌が載る。

敵《あた》見たる　虎か吼《ほ》ゆると　諸人《もろびと》の　おびゆるまでに・・・

高市皇子《たけちのみこ》軍の笛の音の雄々《おお》しさを詠むのに、虎がひきあいに出されている。強いのか弱いのか、よくわからない『万葉集』の虎。なにやらどこかの球団のようである。

ま：円山《まるやま》応挙《おうきょ》

毛皮を見て虎を描く。

平明な写生画風で、江戸中期の画壇に新風を吹きこんだ円山応挙（享保十八（一七三三）～寛政七（一七九五）年）。寅年の生まれでもないのに、応挙は多くの虎図をのこしている。有名なのは、金比羅宮《ことひらぐう》（香川県琴平町）虎の間の『遊虎図』。十六面の襖に八頭の虎を描く大作で、とくに「水呑みの虎」「八方にらみの虎」の人気が高い。ほかにも『猛虎図』（大英博物館蔵）、『龍虎』（ボストン美術館蔵）、『東方朔《とうぼうさく》龍虎図』（個人蔵）などがある。

なお、こうした虎図の眼、足の指、爪などを見て、「実際の虎とちがう」と訳知り顔で難ずる美術マニアが多いが、酷というものだろう。応挙の時代、生きた虎を目にすることは、できない相談だっ

た。そこで、やむなく虎の皮や猫を手本としながら制作した。実物とくいちがいがあるのは、仕方あるまい。

ちなみに、実際の虎の瞳孔は円状に拡大・収縮し、ネコの瞳孔のように細長く針状にはならない。指は、前足が五本で後足が四本である。爪は、獲物を攻撃するなど、必要なときにのみ露出する。

ところで、応挙ほどの知名度はないかもしれないが、多くの虎図を手がけた画家として、加賀国出身の岸駒《がんく》(寛延二(一七四九)～天保九(一八三八)年)を逸することはできないだろう。岸駒も応挙とおなじく寅年生まれではないのに、奇特なことだ。代表作は、『雲龍・咆虎図《ほうこ》』(与謝野町立江山《こうざん》文庫蔵)、『虎図』(京都国立博物館蔵)、『虎之図屏風』(石川県蔵)など。京都 清水寺には、岸駒作の「虎の灯籠《とうろう》」まである。石の表面に浮き彫りにされた虎は迫真の出来ばえ。毎夜、灯籠から抜け出ては近くの池で水を呑み、朝になると元へ戻ったと伝えられる。

海外にも虎好きはいる。応挙や岸駒よりも少し後の時代に活躍したフランスの画家ドラクロワ(一七九八～一八六三年)。『母親と戯れる若い虎』(ルーヴル美術館蔵)は、美術の教科書なのでおなじみ。国内外の虎の絵を観て歩くというのも、楽しい趣向だろう。お気に入りの一枚を、ぜひ見つけてください。

み：源《みなもと》 俊頼《としより》

内なる虎と戦え。

源俊頼は、平安後期の歌人。父は、「夕されば門田《かどた》の稲葉 おとづれて 蘆《あし》のまろやに 秋風ぞ吹く」（小倉百人一首）で有名な源経信《つねのぶ》である。俊頼自身の「うかりける 人を初瀬《はつせ》の山おろしよ はげしかれとは 祈らぬものを」も、百人一首に採られている。俊頼の歌論書『俊頼髄脳《としよりずいのう》』には、虎の登場する逸話（寓話）が載る。

ある男が荒野を横切ると、とつぜん虎が襲ってきた。走って逃げるうち、古井戸のような穴を見つけたので、草のつるを命綱《いのちづな》がわりにしてぶら下がった。ふと井戸の底を見ると、わにが大口を開けて男を待ちかまえている。穴の入口を見あげると、さっきの虎が長くて鋭い牙をむ

き出しにして、男を喰おうと狙う。もはや頼みは草のつるだけ。しかし、なんということだろう。白と黒のねずみが交互にやってきては、そのつるをかじるのだ・・・。

俊頼によれば、凡俗のわたしたちの置かれた情況はこの男と同じだという。井戸の底で口を開けるわには、死後に行きつく地獄である。命綱をかじる黒白のねずみは、過ぎゆく時間をあらわす（白ねずみは日、黒ねずみは月）。そして、この穴まで男《わたしたち》を追いつめた虎は、いままでおかした罪や業《ごう》なのである。

絶体絶命の危機におちいったとき、人はよく「前門の虎、後門の狼」と形容するが、この場合の危難はあくまで外在的である。どこかよそから、いわば勝手に襲いかかってくる危難である。

けれども、俊頼のいう虎はちがう。この虎は、わたしたちの内から生じたものである。日々の暮らしの中で、さしたる意識もせぬままおかしているたくさんの罪科《つみとが》が、塵埃《じんあい》のようにゆっくりと折り重なってゆく。そして、その塵が積もりに積もって、やがては山ならぬ恐ろしい虎となって、当《とう》の本人に襲いかかってくる。

逃げるな。つるを登り、罪障煩悩《ざいしょうぼんのう》の虎と対峙《たいじ》せよ。この虎ばかりは、加藤清正や武松も手に負えない。退治できるのは、あなただけだ。

む：紫式部《むらさきしきぶ》

虎の頭《かしら》で無病息災。

『源氏物語』ファンは無数にいるのに、彼らのほとんどが『紫式部日記』をかえりみないのは、不思議な気がする。藤原道長の愛娘・彰子《しょうし》に伺候した約八年間のうち、わずか二年ほどの短い期間を記録したにとどまるが、その中に「虎の頭」が登場する。

宮は、殿抱《いだ》きたてまつりたまひて、御佩刀《みはかし》、小少将の君《きみ》、虎の頭、宮の内侍とりて、御さきにまゐる。

御湯殿《ゆどの》の儀式の場面である。生まれたばかりの宮（敦成《あつひら》親王。父は一条天皇、母は彰子）をしっかり抱きかかえるのは、祖父の藤原道長。守り刀を小少将の君が、虎の頭を宮の内侍が持って、これを先導する。

なにげなく読んだ人は驚くだろう。新生児に産湯をつかわせるのに、虎の頭だって？　いいや、誤解してもらって困る。ここでいう虎の頭とは、もちろん虎の生首ではなく、虎の頭をかたどった紙製の飾りもののことだ。これを浸《ひた》した（まねをするだけでよい）産湯で沐浴すれば、その新生児は病魔災厄をまぬがれてぶじに成育すると当時の人々は信じていた。

ちなみに、虎の頭または虎頭という語は、産湯の習俗以外の文脈でも使われるので、紹介しておこう。

たとえば、花の名前。シンビジウムという洋ランは、別名を「虎頭蘭」という。長く大きく反りかえった黄色い花弁に、黒または茶の斑紋があり、それが虎の頭部の模様を思わせるために、こう名づけられた。豪壮な花の雰囲気は、森林の王者たる虎の名に恥じない。

また、虎頭は土地の名前にもなっている。沖縄県伊平屋島《いへやじま》には、虎頭岩《とらずいわ》という巨岩がある。虎が伏したような格好に見えるから、こう呼ばれる。

さらに、画家・竹内栖鳳《たけうちせいほう》（元治《げんじ》元（一八六四）〜昭和十七（一九四二）年）のことも忘れてはいけない。彼は、本物の虎の頭蓋骨を所持してこれを写生し、屏風《びょうぶ》『雄風《ゆうふう》』（京都市美術館蔵）の制作に活かしたと聞く。

儀式に花に地名に絵に・・・。虎は死して、随所に名を残す。

め：メッケル

「マレーの虎」の母校。

陸軍大学校は、明治十五（一八八二）年の陸軍大学校条例にもとづき、明治十六（一八八三）に開校した。開校時の生徒数は十名だったという。陸軍幹部養成のための教育機関で、参謀本部の所轄であった。この学校に教官として招聘（しょうへい）されたのが、ドイツの軍人メッケル（一八四二〜一九〇六）年である。

在任は明治十八（一八八五）年〜二十一（一八八八）年と短かったが、実戦重視の軍制・戦術指導は高く評価され、陸軍大学校のその後の教育の基底をなした。

卒業者には日本史の重要人物が多い。田中義一（首相）（八期）、小磯国昭（首相）（十二期）、宇垣一成《かずしげ》（首相）（十四期）、林銑十郎《せんじゅうろう》（首相）（十七期）、東条英機（首相）（二十七期）など。そし

て東条の一期下に、「マレーの虎」とよばれた山下奉文《やましたともゆき》がいる。

大正五（一九一六）年に陸軍大学校を卒業した山下は、海外駐在などを経て大正十五（一九二六）年には母校の教官となった。その後、陸軍省軍事課長、歩兵第四十旅団長、関東防衛軍司令官などを歴任して、昭和十六（一九四一）年に第二十五軍司令官に就任。マレー半島における激戦を制して、シンガポールを攻略した。日本のマスコミは、山下の勇猛さを「マレーの虎」とほめたたえた。

ただ、このころから山下の運命は暗転する。東条にうとまれて満州へ左遷されたのち、昭和十九（一九四四）年には第十四方面軍（第十四軍を改編）指令官として、フィリピン戦線を指揮。現地で終戦を迎えた。そして戦犯として捕らえられ、昭和二十（一九四五）年十二月、マニラで開かれた軍事裁判で絞首刑を宣告された。民衆の虐殺などの罪に問われた結果であった。刑は、翌年二月に執行されている。辞世は、「待てしばし　勲《いさお》残して　逝《い》きし友　あとな慕ひて　われも逝かなむ」と伝わる。

もし、メッケルが長生きして、山下をはじめとする陸軍大学校の俊英たちの戦いぶりや死にざまを見たとしたら、なんといっただろう。「私はそんなことを教えたつもりはない」と激怒しただろうか。

も：門前《もんぜん》 真佐人《まさと》

猛虎の契約選手第一号。

虎に関する本を書いていながら、阪神タイガースにひとことも言及しないと、全国の虎ファンを敵にまわすことになりかねない。そう思ってやきもきしていたが、「も」の項にいたって、ようやく関係者にご登場頂く。門前真佐人（大正六（一九一七）年～昭和五十九（一九八四）年）。大阪タイガース（阪神タイガースの前身）の創立時のメンバーのひとりで、契約選手第一号でもある。

門前は、広島県出身。旧制広陵中学時代から強肩強打の捕手として活躍した。入団は昭和十（一九三五）年。右投げ右打ちで、背番号は「17」。在籍期間は昭和十一（一九三六）年～昭和十四（一九三九）年、昭和十七（一九四二）年～昭和十九（一九四四）年、昭和二十四（一九四九）年であっ

た。昭和十五（一九四〇）年〜昭和十六（一九四一）年の空白は従軍のため、昭和二十（一九四五）年の退団は食糧難のためであった。不幸な戦争がここにも暗い影をおとしている。

「激しやすい性格」「おそろしいのは『地震・雷・火事・門前』」などと評されたらしいが、勝負へのあくなき執念とプレーへの真摯な態度の反映だったのだろう。戦禍の中でもプレーを続けた門前の野球愛は尊い。

それにひきかえ、昨今の選手といったらどうだろう。何億円もの年俸をもらって、セレブ気取り。そのくせブヨブヨと弛緩したからだで出場して三振やエラーを連発。そしてそのたびごとにヘラヘラ照れ笑い・・・。門前の爪のあかでも煎じてのむべきだろう。

ところで、大阪では、阪神が優勝するたびに騒ぎが起きる。百貨店の優勝セールに群集がおし寄せるだけではない。道頓堀では、警備員の制止をふりきって、おおぜいの若者たちが道頓堀川へ飛びこむ。昭和六十（一九八五）年の二十一年ぶりのリーグ優勝時には、店先のカーネル・サンダース人形がバース選手に見たてられて、川へ投げこまれる事件も起きた。一部の不心得者のせいで、ただですらよくない大阪のイメージがいっそう悪くなるのは、残念である。

のらりくらりプレーする選手たち。それを観てバカさわぎする、行儀の悪いファン。そんな彼らに、往年の門前も顔負けのカミナリを落とすだけの気骨が、球団経営者やＯＢには欠けているようだ。

や：トラ！トラ！トラ！。

山本《やまもと》 五十六《いそろく》

昭和十六（一九四一）年十二月、ハワイ真珠湾のアメリカ太平洋艦隊を奇襲した日本海軍第一次攻撃隊の隊長・淵田美津雄《みつお》は、連合艦隊司令長官・官山本五十六率いる本隊にこう打電した。

「トラトラトラ（ワレ奇襲ニ成功セリ）」

この印象的な暗号の由来は、はっきりしない。

「『ト』は『全軍突撃せよ』の意で、『ラ』は受発信の際の誤解を防ぐための符号」というのが、最も穏当な説明。しかし、「『トラ』は文字どおり虎のこと。『虎は千里行って千里帰る』の故事にあやかり、赫々《かくかく》たる戦果をあげて無

事に帰還するという意気をあらわす」という俗伝にも、それがそれで心惹かれるものがある。

傑作の呼び声高い日米合作映画『トラ!トラ!トラ!』（監督：リチャード・フライシャー&舛田利雄&深作欣二、昭和四十五（一九七〇）年）の中では、「トラトラトラ」を受電して狂喜する部下たちをいさめるかのように、山村聡《そう》扮する山本五十六がこう述懐する。

今回の作戦の狙いは、宣戦布告の後にハワイの真珠湾を攻撃して大損害を与え、アメリカの戦意を喪失させることにあった。

しかし、アメリカは、日本の最後通牒を受けとる五十五分前に攻撃されたとの認識を持っている。アメリカ人の国民性からみて、これほど彼らを憤激させることはあるまい。これでは、眠れる巨人を起こし、ふるい立たせる結果をまねいたのも同然だ。

この映画の特徴は、さまざまな予兆を見のがし、ついには日本軍に奇襲をゆるしてしまったアメリカ軍の官僚主義を辛辣に描写していることである。現地軍の指揮官の判断ミス、第一線の兵士たちのモラルの低さなどはもちろん、ワシントンのお歴々の責任回避主義、役所や部局間のセクショナリズムまでをえぐり出している。

ただ、気になることがひとつ。本作では奈良県出身の淵田美津雄を田村高廣が演じているが、その関西弁のアクセントが妙で、どうも聞きづらいのだ。淵田の「トラトラトラ」の咆哮こそ映画のクライマックスなだけに、惜しい。ちなみに淵田は寅年生まれであった。

ゆ：由比《ゆい》正雪《しょうせつ》

踊らなかった紀州の虎。

慶安四（一六五一）年四月に三代将軍徳川家光が逝去。長男の家綱が四代将軍の座に就いた。まだ十一歳の少年であった。ここに徳川の治世下ではじめて将軍独裁に空隙《くうげき》が生じることとなり、幕政の主導権は酒井忠勝《ただかつ》ら老中たちの手に握られることになった。三河刈屋《かりや》藩主・松平定政《さだまさ》は彼らの専横を告発する文書を上申して、改易の沙汰を喰らった。ただ、憂き目にあっていたのは定政だけではなかった。徳川幕府による強硬な政策のせいで、約半世紀の間に約二百の大名家がとりつぶされ、約四十万人の武士が浪人に身を落とした。世には幕府への怨嗟《えんさ》の声が満ちていたのである。こうした社会不安に乗じ幕府転覆をはかろうとしたのが、由比正雪である。

由比は駿河出身の軍学者。生年や出自はさだかではない。楠木正成の軍学に私淑し、江戸で軍学を講ずるやこれが評判となり、門弟三千人と称せられるまでになった。紀州徳川家の初代当主・徳川頼宣《よりのぶ》のような大物にも一目置かれていた。慶安四（一六五一）年、由比は、浪人・丸橋忠弥《まるばしちゅうや》らと共謀して、荒唐無稽ともいえる計画を実行にうつそうとした。江戸では、大風の夜を狙って丸橋らが市中に火を放ち、徳川頼宣の登城をよそおって江戸城に潜入、幕閣の要人たちを暗殺する。由比は久能山《くのうざん》（静岡市）に赴き、徳川家康が埋めたという金銀を奪取。これを軍資金として駿府城を攻略する。さらに、京・大坂でも仲間が浪士たちを扇動して挙兵する・・・。しかし、仲間数人が幕府に密告したために計画が露見、丸橋ら江戸組は捕縛された。由比も駿府で役人たちに包囲され、自害した。

由比の遺品の中から、徳川頼宣の花押のはいった書状が見つかって物議をかもした。酒井忠勝が頼宣に問いただしたが、「偽物にきまっておる」と一笑にふされた。なにせ相手は東照神君家康公の十男。追及はそこまでで終わった。

ちなみに、紀州徳川家の象徴・和歌山城の別名は虎伏《とらふす》城。由比が笛を吹けど、紀州の虎は踊らずじまいだった。

よ：吉田《よしだ》松陰《しょういん》

象門の二虎《とら》。

「出来の悪い弟子ばかりじゃ」となげく師匠・先生は数多いが、幕末の兵学・洋学者の佐久間象山《しょうざん》（文化八（一八一一）～元治元（一八六四）年）はべつであった。

象山の門下には群を抜いた俊英が二人いた。吉田松陰（天保元（一八三〇）～安政六（一八五九）年）と小林虎三郎《とらさぶろう》（文政十一（一八二八）～明治十（一八七七）年）である。吉田松陰は長州藩出身。幼名は虎之助。通称は吉田寅次郎であった。それまでも秀才として知られていたが、二十三歳の時に象山に入門して、さらなる成長を遂げた。一方の小林虎三郎は越後・長岡藩出身。これまた二十三歳で象山門下となり、頭角をあらわした。二人とも名前に「虎（寅）」の字を含むので、「象山の二虎」とならび称せられた。象山は、二人をこう評している。

事を天下に為す者は、吉田子なるべく、我子を依託して教育せしむべき者は、独り小林子なるのみ。

（天下国家の政治に手腕をふるうのは吉田である。自分の子どもの教育を託すなら、小林のほかにはいない。）

その後の二人は、師の予言どおりの運命をたどる。

吉田は、脱藩、藩主への意見書上申、海外密航未遂など政治的な言動をどんどんエスカレートさせていき、ついに安政五（一八五八）年、安政の大獄で投獄され、翌年、斬首刑に処せられた。享年三〇歳。生き急ぐような短い生涯であった。小林は、明治元（一八六八）年に長岡藩の文武総督に任命され、廃墟と化した長岡の復興のために奔走した。明治三（一八七〇）年、近隣の藩から救援物資として米百俵が届けられたとき、赤貧にあえぐ藩士への分配をあえて見合わせ、国漢学校の建設資金に充当した。教育者・小林の面目躍如たる逸話であり、平成十四（二〇〇二）年の小泉首相の所信表明演説で言及されて脚光を浴びたことは、記憶に新しい。

ともあれ、五十歳まで生き、ある程度まで自分の思いを実現できた小林とひきくらべると、志なかばで獄死した吉田の悲運がいっそう際立つ。運命の女神は、どうして二頭の虎にちがう顔を見せたのだろう。

ら：雷公《らいこう》

虎皮のふんどしがトレードマーク。

「雷公」の「公」は、熊公や八公の公のような親称（や蔑称）ではなく、菅公《かんこう》や楠公《なんこう》の公とおなじく、尊称である。むかしの人は、雷を神威のあらわれと解して、畏《おそ》れ敬ってきた。科学が未発達だった時代、あれだけの轟音《ごうおん》と閃光《せんこう》が天から降ってくるわけだから、当然であろう。

とはいえ、落語に登場する雷公はいたって庶民的で、人間同様、所帯をもっている。

最近、雷の親爺《おやじ》さんは、ひとり息子を鍛えるのに余念がない。連日連夜、雷太鼓の特訓だ。息子もいい歳になってきたので、そろそろ雷鳴落としに連れていこうと考えてのことである。

親爺さんの熱心さにつられるように、息子は懸命に練習し、めきめき腕をあげた。

さて、ある日、雷の組合から「今日の午後三時、となり町一帯に夕立を降らせて、雷鳴もとどろかすべし」との通達がきた。息子の実地訓練にはちょうどよい機会。親爺さんは外出用の上等な虎皮ふんどしを身につけ、息子にもおそろいの虎皮ふんどしと太鼓で正装させた。ふたりは、となり町の上空に浮かぶ黒雲まで出むいた。

午後三時。親爺さんがうながすと、息子ははりきって太鼓を打ち鳴らしはじめた。特訓の甲斐《かい》があって、我が子ながら、なかなかりっぱな撥《ばち》さばきでなので、親爺さんは「よしよし」とうなずく。得意になった息子は、黒雲のうえを縦横無尽に走りまわって、雷太鼓をますます激しく叩く。

ところが・・・。

はりきりすぎたのがいけなかった。夢中になって小走りに駆けたので、雲の薄くなった切れ目に気づかなかったのだ。ずぼっと雲を踏みぬいて、雷の息子はまっさかさまに地上へ。

落ちたところは、清国の山中。竹やぶで昼寝をしていた大虎の枕もとへドシン！

びっくりした大虎ははねおきて、雷の子にガオーッと吼《ほ》えかかった。雷の子は泣きべそをかきながら、

「エーン、お父ちゃん、怖いよぉー。ふんどしが噛みつくー。」

り：李徴《りちょう》

虎になった男。

『山月記』（中島敦著）の主人公・李徴は、詩人として名をあげようとするが果たせず、都を捨て、いまはしがない地方官吏となっていた。公用の旅に出て如水《じょすい》のほとりに泊まった夜のこと。屋外の闇の中から呼びまねく謎の声に導かれ、林間を無我夢中で駆けた。気づけば、その身はいつしか虎になっていた。姿は虎になったが、一日に数時間は人間の心が戻ってくる。虎として禽獣《きんじゅう》をむさぼり喰ったことを悔い、おのれの悲運を呪い嘆く、つらい時間である。しかし、その時間すら日に日に短くなっていく。

そんな折、山道で偶然に旧友に出くわした。虎の姿を恥じる李徴は、くさむらに身を隠したままで、旧友におのれの数奇な運命を物語る。「己《おのれ》の珠《たま》に非ざることを惧《おそ》れるが故に、敢て刻苦して磨こうともせず、又、己の珠なるべきを半ば信ずるが故に、碌々《ろくろく》として瓦に伍することも出来なかった。己《おれ》は次第に世と離れ、人と遠ざかり、憤悶《ふんもん》と慙恚《ざんい》とによって益々己《ますますおのれ》の内なる臆病な自尊心を飼いふとらせる結果になった。人間は誰でも猛獣使いであり、その猛獣に当るのが、各人の性情だという。己《おれ》の場合、この尊大な羞恥心が猛獣だった。虎だったのだ。」

自作の詩を朗誦して旧友に書きとらせ、残してきた妻子の後見を頼むと、李徴は旧友に別れを告げた。旧友が離れた丘のうえから振り返って見ると、道へ一匹の虎が躍り出て数度咆哮《ほうこう》したかと思うと、すぐにまたくさむらへ消えていった・・・。

『山月記』を読むと、いつも荘子の有名な一節を思い出す。

「周の夢に胡蝶と為るか、胡蝶の夢に周となるか。」

（荘周が蝶となった夢をみたのか。それとも、蝶が荘周になった夢をみているのだろうか。）

李徴が、虎になった夢をみているのか。それとも、虎が、李徴になった夢をみているのか。いいやそうではなく、山道を往く旧友が、人語を話す虎に逢った夢を見ているのか。作者の中島は答えてくれない。朦朧《もうろう》とした夢の連鎖の只中《ただなか》で、響くは虎の咆哮ばかりである。

る：ルパン

虎の牙の謎。

　フランスの有名な小説家モーリス・ルブラン（一八六四〜一九四一年）が著した怪盗ルパンシリーズの中に、『虎の牙』（一九一四年）がある。

　一時、モロッコに潜伏していたルパンは、スペインの貴族ドン・ルイス・プレンナというふれこみで、久しぶりに故国フランスに舞いもどるが、その帰国を待っていたかのように連続殺人事件が起こる。プレンナの親友で富豪のコスモ・モーニントンは二億フランにものぼる遺産を残したのだが、その相続人たちが次々に毒殺されていったのだ。被害者の死体のそばには、なぜかチョコレートやリンゴの食べさしが転がっており、そこには虎の牙を思わせる奇怪な歯型がついていた。やが

て被害者の妻マリアンヌが殺人容疑で拘束され、プレンナにも嫌疑がかかる。モーニントンの遺言状には、相続人のひとりとして、プレンナの名前も挙がっていたからである。

マリアンヌと自身の無実を証明するため、真犯人を追うプレンナ。その行く手をはばむ怪紳士と謎の美少女。ふだんは追われる立場のプレンナ（ルパン）が、今回は追う側として名探偵ぶりを発揮して、みごと真犯人をとらえることができるか・・・。

ルブラン屈指の長篇『虎の牙』が後代に及ぼした影響は大きい。

たとえば、犯行現場に残された歯型が事件解決の決め手になるという設定は、アメリカの推理作家エラリー・クイーンが『ドラゴンの歯』（一九三九年）で踏襲している。日本では、横溝正史が『本陣殺人事件』（昭和二十一（一九四六）年）の執筆にあたっておおいに参考にしているし、江戸川乱歩は名探偵 明智小五郎シリーズの一冊として『虎の牙』（昭和二十五（一九五〇）年）（出版社による改題名『地底の魔術王』）を書いている。また、米映画『虎の牙』（チェスター・ワージー監督、一九一九年）、松竹映画『虎の牙』（瑞穂春海《みずほしゅんかい》監督、昭和二十六（一九五一）年）なども逸しがたい。

ルブランのペン先から生まれた虎は、その鋭い牙でもって、多くの作家や映画監督たちの美意識に、くっきりと噛み跡《あと》を残したのであった。

れ：冷泉《れいぜい》為恭《ためちか》

虎徹《こてつ》も救えぬ命。

文政六（一八二三）年、狩野永泰《えいたい》の三男として生まれた為恭であったが、父祖代々の画風にはなじめなかった。長らく権力者に伺候し、豪壮な作風を自任する狩野派であったが、為恭には退嬰的としか思えなかった。為恭は、日本古来の大和絵に心ひかれ、古画の模写に精を出して腕を磨いた。また、狩野の姓を疎んじ、みずから冷泉姓を名のっている。

王朝文化に強くあこがれる為恭の目は、おのずと朝廷に向けられる。官位に執着した為恭は、三条家や九条家に接近して、安政五（一八五八）年に従五位下に列せられた（数年後には、念願の近

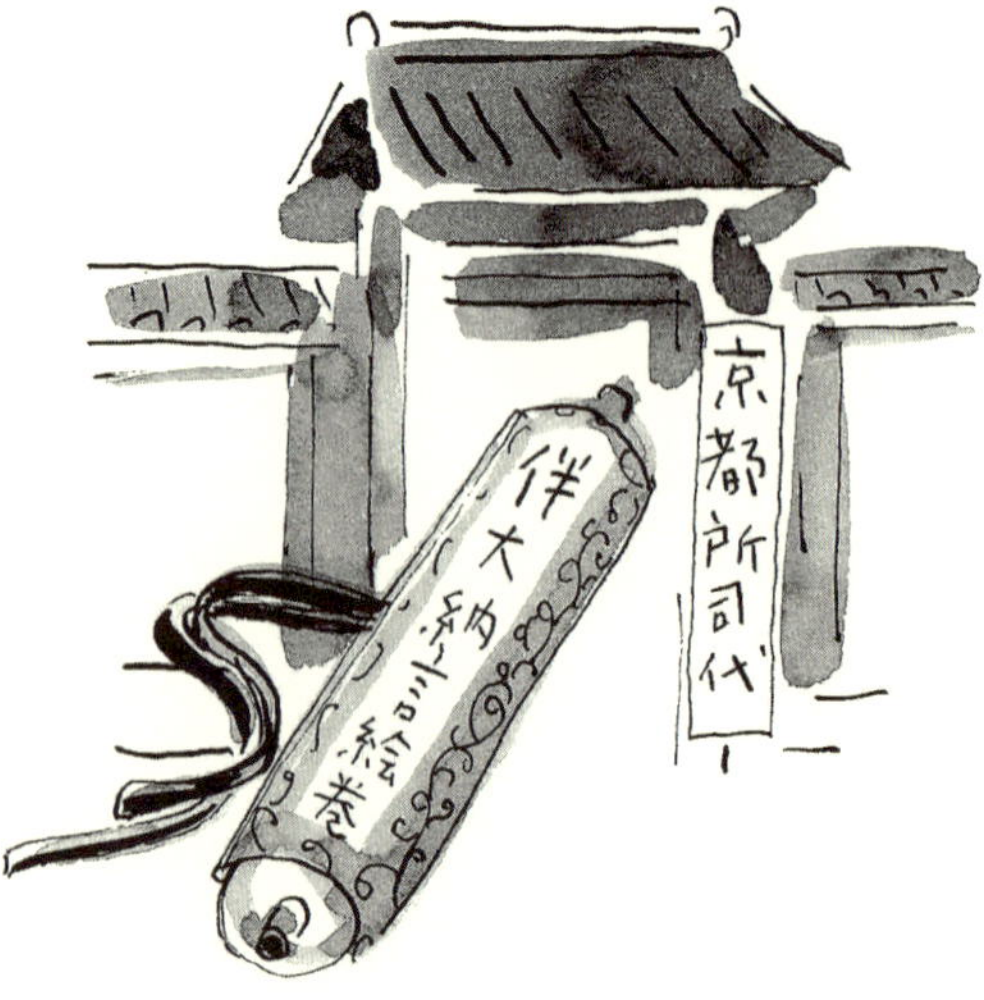

江守に任じられている)。

世は尊王攘夷か開国かで大揺れだったが、為恭はあいかわらず古画の勉強に余念がなかった。大和絵の名作『伴大納言絵巻』の原本を所蔵する酒井忠義が京都所司代に着任すると、その参観のために足繁く酒井の屋敷へ通った。これがうかつだった。幕府の出先機関である京都所司代に平気で出入りしている為恭を、尊王派は佐幕派と断じた。それまで為恭のことを朝廷に親和的な絵師とみていただけに、尊王派の怒りは大きかった。裏切られた気がしたのだろう。やがて浪士が為恭宅を襲撃、あやうく難をのがれた為恭は都を離れ、以後は逃亡生活を余儀なくされた。紀州、堺などを転々としたが、元治《げんじ》元(一八六四)年五月五日、大和丹波市《たんばいち》(現在の奈良県天理市)の鍵屋の辻で、長州藩士・大楽《だいらく》源太郎の凶刃に倒れた。享年四十二歳。その首は大坂へ運ばれ、晒《さら》しものにされた。

ちなみに、新撰組の近藤勇《いさみ》らが、潜伏中の長州藩士ら二十余名を襲撃した池田屋騒動は、為恭暗殺の一ヶ月後であった。池田屋で近藤が振るったのは、愛刀・虎徹《こてつ》であった。

もしも、近藤勇が、もう少し早くから自慢の虎徹で長州勢をなぎはらっていてくれたなら、為恭の運命もあるいは変わっていたかもしれない。明治日本画壇の勢力地図も激変していただろう。復古大和絵派の旗手の横死が惜しまれる。

ろ：魯迅《ろじん》

虎だって子はかわいい。

『阿Q正伝』『狂人日記』などで有名な中国の文学者 魯迅（一八八一〜一九三六年）は、詩を少なからず残している。そのうちの一篇を挙げよう。

答客誚　（客の誚《そし》るに答えて）

無情未必真豪傑。　無情いまだかならずしも　真の豪傑ならず。
憐子如何不丈夫。　子を憐れむは如何《いかん》ぞ　丈夫ならざらん
知否興風狂嘯者。　知るや否や　風を興し狂い嘯《さけ》ぶ者も、
回眸時看小於菟。　眸を回《めぐ》らせ時に看る小於菟《おと》。

（真の豪傑だからといって情がうすいとはかぎらない。子をかわいがる英雄もいる。それが証拠に、烈風を巻きおこして猛り狂う虎だって、時にはふり返って、自分の子のようすを見るではないか。）

一九三一年の冬のこと。息子・海嬰《はいいん》（一九二九年〜）を溺愛する魯迅を、客人のひとりがたしなめたところ、魯迅は即興でこの詩を詠み、相手に逆《さか》ねじを喰わせたという。ちなみに、「於菟」とは虎の異称で、この詩ではもちろん海嬰を指す。

「於菟」は、一見なじみのない語だが、じつは意外な分野で用例が散見される。それは人名である。たとえば、中国 楚の宰相に、闘《とう》 穀《こう》於菟《おと》がいる。闘氏の息子であるが、ゆえあって幼いころに沢へ捨てられ、虎の乳を吸って生きながらえた。楚では、乳を穀《こう》、虎を於菟というので、この名がある。

日本では、幕末の剣客で北辰一刀流の開祖 千葉周作の幼名が、於菟であった（寅松ともいった）。「千葉の小天狗」於菟の暴れぶり、周作と改名して江戸へ出てからの厳しい修業ぶりを活写した映画に、『若き日の千葉周作』（酒井辰雄監督、昭和三十（一九五五）年）がある。主演は中村嘉葎雄《かつお》である。また、作家・森鷗外の長男の名も、於菟である。「オットー」という外国人名を漢字表記して、こうなったらしい。しかも、生年（明治二十三（一八九〇）年）が寅年なのだから、ふるっている。鷗外の茶目っ気には、さしもの魯迅も脱帽だろう。

わ…和藤内《わとうない》

虎には強く、母には弱し。

　近松門左衛門の代表作のひとつに、人形浄瑠璃『国性爺合戦《こくせんやかっせん》』がある。正徳《しょうとく》五（一七一五）年に大坂竹本座で初演されるや連日の大入りとなり、十七ケ月に及ぶ異例のロングラン興行を記録した（歌舞伎での初演は享保元（一七一六）年）。主人公 和藤内《わとうない》のモデルは、動乱の中国・台湾で明再興のために清朝と闘った伝説的英雄・鄭成功《ていせいこう》（一六二四〜一六六二年）。和藤内という名は、「和でも唐でもない」との洒落。鄭成功の父が明《みん》人、母は日本人であったことという史実をふまえている。
　全五段の時代もので見せ場は多いが、会場がひときわ沸くのが『千里が竹虎狩《たけとらが》りの段』である。和藤内と老母は、虎狩りがおこなわれている千里が竹へ迷いこみ、大きな虎と遭遇する。ここでは、虎のぬいぐるみが、なかなかの名（迷？）演技。舞台狭しと暴れまわり、和藤内たちはたじたじとなる。しかし、やがて和藤内は持ち前の怪力を発揮。伊勢神宮のおふだの威徳も加わって、ついに虎はねじふせられる。和藤内は虎の背に老母を乗せて、父のもとへと急ぐのであった。異国の猛獣である虎が、天照大神《あまてらすおおみかみ》の神威の前にひれ伏す情景は、日本人のナショナリズムを十二分に満足させる。近松の作劇の巧みさが光る。

ところで、花街《かがい》のお座敷での拳遊びの一種に「虎拳《とらけん》」があるが、これは和藤内の虎退治の場面を下敷きにしている。屏風をはさみ、むこうに舞妓、こちらに客が立つ。囃子歌《はやしうた》の間に、ふたりは「和藤内」（腰にこぶしをあてて、武張《ぶば》って立つ）、「母」（腰を曲げて杖をつくまね）、「虎」（四つんばい）のいずれかの格好をする。合図で屏風が開くと、おたがいの姿が見えて、勝負が決まる。グー・チョキ・パーのじゃんけんのごとく、和藤内は虎に勝ち、母は和藤内に勝ち、虎は母に勝つという三すくみの構造になっているのだ。

虎拳で座はおおいに盛りあがる。ただ、それに興じる酔客の何割が鄭成功のことを知っているのかと考えると、はなはだ心もとない。

主要参考文献一覧（書名の五十音順）

『阿Q正伝 狂人日記』魯迅著、岩波書店、１９８１年
『悪魔の辞典』ビアス著、角川書店、２００３年
『アニマル・ウォッチング』安間繁樹著、晶文社、１９８５年
『安永期　小咄本集』岩波書店、２００４年
『アンデルセン童話集』大畑米吉訳、岩波書店、２００５年
『行き場を失った動物たち』今泉忠明著、東京堂出版、２００５年
『イソップ寓話集』中務哲郎訳、岩波書店、２００５年
『伊藤若冲 鳥獣花木図屏風』山下裕二著、小学館、２００６年
『イノシシは転ばない』福井栄一著、技報堂出版、２００６年
『いまは昔　むかしは今３　鳥獣戯語』網野善彦ほか編、福音館書店、１９９９年
『イメージ・シンボル事典』山下主一郎ほか訳、大修館書店
『インド神話伝説辞典』菅沼晃編、東京堂出版、１９８５年
『インドの民話』Ａ・Ｋ・ラーマーヌジャン編、青土社、１９９５年
『陰陽五行と日本の民俗』吉野裕子著、人文書院、１９８３年
『江戸絵画万華鏡』榊原 悟著、青幻舎、２００７年
『干支セトラ、etc.』奥本大三郎著、岩波書店、２００３年
『江戸川柳と謡曲』室山源三郎著、三樹書房、１９９０年
『干支ってなぁーに』鶴見憲明著、チクマ秀版社、２０００年
『干支の漢字学』水上静夫著、大修館書店、１９９８年
『江戸の医療風俗事典』鈴木昶著、東京堂出版、２０００年
『江戸文学俗信辞典』石川一郎編、東京堂出版、１９８９年
『近江散歩　奈良散歩』司馬遼太郎著、朝日新聞社、２００５年

『大蔵虎寛本　能狂言（上）（中）（下）』岩波書店、１９９０年
『大阪ことば事典』牧村史陽編、講談社、１９９３年
『大阪人の「うまいこと言う」技術』福井栄一著、ＰＨＰ研究所、２００５年
『お伽草子事典』徳田和夫編、東京堂出版、２００２年
『鬼・雷神・陰陽師』福井栄一著、ＰＨＰ研究所、２００４年
『小野小町は舞う』福井栄一著、東方出版、２００５年
『おもしろ日本古典ばなし１１５』子どもの未来社、福井栄一著、２００８年
『怪談』ハーン著、岩波書店、２００１年
『解註　謡曲全集』野上豊一郎編、１９３５〜１９３６年、中央公論社
『貝塚の獣骨の知識』金子浩昌著、東京美術、１９８４年
『怪力乱神』加藤　徹著、中央公論新社、２００７年
『化政期　落語本集』岩波書店、２００４年
『家畜文化史』加茂儀一著、法政大学出版局、１９７３年
『仮名手本忠臣蔵』服部幸雄編著、白水社、１９９４年
『歌舞伎事典』平凡社編・発行、２０００年
『歌舞伎手帖』渡辺保著、駸々堂出版、１９８２年
『歌舞伎名作事典』演劇出版社、１９９６年
『上方学』福井栄一著、ＰＨＰ研究所、２００３年
『神と獣の紋様学』林　巳奈夫著、吉川弘文館、２００４年
『雷さんと私』宅間正夫著、三月書房、２００６年
『雷の民俗』青柳智之著、大河書房、２００７年
『韓国の神話・民俗・民談』金　烈圭著、成甲書房、１９８４年
『韓国の虎はなぜ消えたか』遠藤公男著、講談社、１９８６年
『韓国の民俗戯』野村伸一著、平凡社、１９８７年
『韓国文化シンボル事典』川上新二編訳、平凡社、２００６年
『韓国文化のルーツ』国際文化財団編、サイマル出版会、１９８７年

『韓国民俗への招待』崔 吉城著、風響社、１９９６年
『韓国昔ばなし（上）（下）』徐 正五著、白水社、２００６年
『韓国昔話の研究』崔 仁鶴著、弘文堂、１９７６年
『韓国文様事典』林 永周編著、河出書房新社、１９８８年
『韓国歴史漫歩』神谷丹路著、明石書店、２００３年
『完訳　水滸伝』吉川幸次郎ほか訳、岩波書店、２００４年
『完訳　東方見聞録』マルコ・ポーロ著、平凡社、２０００年
『完訳　フロイス日本史2』ルイス・フロイス著、中央公論新社、２０００年
『鬼趣談義』澤田瑞穂著、中央公論新社、１９９８年
『狂歌川柳表現辞典』大岡信監修、遊子館、２００３年
『ギリシア神話物語事典』バーナード・エヴスリン著、原書房、２００５年
『ギリシア悲劇』呉茂一著、文元社、２００４年
『近世菓子製法書集成』（全2巻）鈴木晋一ほか編訳、平凡社、２００３年
『金属と日本人の歴史』桶谷繁雄著、講談社、２００６年
『空想動物園』A・S・マーカタンテ著、法政大学出版局、１９８８年
『グリム童話集』金田鬼一訳、岩波書店、２００５年
『傾城反魂香 嫗山姥 国性爺合戦 平家女護島 信州川中島合戦』鳥越文蔵編著、白水社、１９８９年
『ケルト事典』ベルンハルト・マイヤー著、創元社、２００１年
『ケルト神話・伝説事典』ミランダ・J・グリーン著、東京書籍、２００６年
『ケルトの神話・伝説』フランク・ディレイニー著、創元社、２０００年
『ゲルマン英雄伝説』D・A・マッケンジー著、東京書籍、２００２年
『幻獣辞典』ホルヘ・ルイス・ボルヘス著、晶文社、１９７４年
『現代こよみ読み解き事典』岡田芳朗ほか編著、柏書房、２００２年
『元禄期　軽口本集』岩波書店、２００４年
『講座　食の文化』石毛直道監修、財団法人味の素食の文化センター、１９９９年
『孔子が話さなかったこと 中国怪奇譚』随 園編戯、情況出版、１９９８年

『国宝絵巻　鳥獣戯画』奥平英雄解説、岩崎美術社、２００３年
『語源辞典　植物編』吉田金彦編著、東京堂出版、２００１年
『語源辞典　動物編』吉田金彦編著、東京堂出版、２００２年
『古浄瑠璃正本集』横山重校訂、角川書店、１９６６年
『古浄瑠璃の研究』若月保治著、櫻井書店、１９３４年
『古川柳と謡曲』室山源三郎著、三樹書房、１９８５年
『古川柳にみる京・近江』室山源三郎著、三樹書房、１９９６年
『古典落語大系』大西信行ほか編、三一書房、１９６９年
『箏唄及地唄全集』緑蔭書房、１９８７年
『ことばの動物史』足立尚計著、明治書院、２００３年
『子どもが喜ぶ ことわざのお話』福井栄一著、ＰＨＰ研究所、２００６年
『祭祀と供儀』中村生雄著、法蔵館、２００１年
『西遊記』呉承恩作、岩波書店、１９７７年
『地獄変』澤田瑞穂著、平河出版社、１９９１年
『しじまに生きる野生動物たち』今泉忠明著、農山漁村文化協会、２００３年
『死体の晩餐』ヘルムート・Ｆ・カプラン著、同時代社、２００５年
『事物起源新事典』藤原秀憲著、新和出版社、１９８６年
『銃器・火薬実用事典』津野瀬光男著、狩猟界社、１９８１年
『生類憐みの世界』根崎光男著、同成社、２００６年
『生類をめぐる政治』塚本学著、平凡社、１９８３年
『「食」の歴史人類学』山内昶著、人文書院、１９９４年
『初代川柳選句集（上）（下）』岩波書店、１９９５年
『十二支』吉野裕子著、人文書院、１９９４年
『十二支　郷土玩具から』齋藤良輔著、朝日新聞社、１９７２年
『十二支異聞』前田新著、土曜美術社、１９９４年
『十二歯考』大泰司紀之著、医歯薬出版、１９９３年

『十二支考』南方熊楠著、岩波書店、２００３年
『十二支殺人事件』山前譲編、天山出版、１９９１年
『十二支で語る日本の歴史新考』東平介著、明石書店、１９９８年
『十二支伝説』林義勝　写真・文、ＰＨＰ研究所、１９９３年
『十二支のかぞえうた』さいとうしのぶ著、佼成出版社、２００５年
『十二支のかたち』柳宗玄著、岩波書店、１９９５年
『十二支の動物たち』五十嵐謙吉著、八坂書房、１９９８年
『十二支の動物たち』石島芳郎著、東京農業大学出版会、２００６年
『十二支の民俗誌』佐藤健一郎ほか著、八坂書房、２０００年
『十二支の民俗伝承』石上七鞘著、おうふう、２００３年
『十二支の山』石井光造著、東京新聞出版局、１９９３年
『十二支の四字熟語』諏訪原研著、大修館書店、２００５年
『十二支の話題事典』加藤迪男著、東京堂出版、２００１年
『十二支独り占い』神宮館 編・発行、１９８８年
『狩猟伝承』千葉徳爾著、法政大学出版局、２００１年
『狩猟伝承研究』千葉徳爾著、風間書房、１９６９年
『狩猟伝承研究後編』千葉徳爾著、風間書房、１９７７年
『狩猟伝承研究総括編』千葉徳爾著、風間書房、１９８６年
『狩猟伝承研究補遺編』千葉徳爾著、風間書房、１９９０年
『狩猟民俗と修験道』永松敦著、白水社、１９９３年
『象徴図像研究』松枝到編、言叢社、２００６年
『縄文の生活誌』岡村道雄著、講談社、２００２年
『食の文化を知る辞典』岡田哲著、東京堂出版、１９８８年
『植物怪異伝説新考』日野巖著、中央公論新社、２００６年
『植物と動物の歳時記』五十嵐謙吉著、八坂書房、２０００年
『資料　日本動物史』梶島孝雄著、八坂書房、１９９７年

『人獣戯画の美術史』鹿島茂著、ポーラ文化研究所、２００１年
『新装版　日本民謡辞典』仲井幸二郎ほか編、東京堂出版、１９９６年
『新装普及版　神社辞典』白井永二ほか編、東京堂出版、２００５年
『新訂増補　能・狂言事典』西野春雄ほか編、平凡社、１９９９年
『神道集』貴志正造訳、平凡社、１９９８年
『新日本動物図鑑（中）』岡田要ほか著、北隆館、１９６５年
『新猫種大図鑑』ブルース・フォーゲル著、ペットライフ社、２００４年
『新版歌祭文　摂州合邦辻　ひらかな盛衰記』織田紘二編著、白水社、２００１年
『人物伝承事典　古代・中世編』小野一之ほか編、東京堂出版、２００４年
『シンボル事典』水之江有一著、北星堂書店、１９８５年
『神話・伝承事典』山下主一郎ほか訳、大修館書店、１９８８年
『神話伝説辞典』朝倉治彦ほか編、東京堂出版、１９９０年
『睡虎地書簡よりみた秦代の国家と社会』工藤元男著、創文社、１９９８年
『水滸伝の世界』高島俊男著、筑摩書房、２００１年
『菅江真澄全集』菅江真澄著、未来社、１９７１年
『図説　ケルト』サイモン・ジェームズ著、東京書籍、２００６年
『図説　魚と貝の大事典』魚類文化研究会編、柏書房、１９９７年
『図説　世界シンボル事典』ハンス・ビーダーマン著、八坂書房、２００３年
『図説　日本鳥名由来事典』菅原浩ほか編著、柏書房、１９９３年
『図説　日本の昔話』石井正己著、河出書房新社、２００３年
『図説　花と樹の事典』木村陽二郎監修、柏書房、２００５年
『図録　山漁村生活史事典』秋山高志ほか編、柏書房、１９８１年
『図録　農民生活史事典』秋山高志ほか編、柏書房、１９９１年
『聖書』日本聖書協会編、２００３年
『醒睡笑』安楽庵策伝著、岩波書店、１９９９年
『世界大博物図鑑　第5巻　哺乳類』荒俣宏著、平凡社、１９８８年

『世界のネコの世界』千石正一著、海竜社、２００５年
『世界哺乳類図鑑』ジュリエット・クラットン＝ブロック著、新樹社、２００５年
『世界民族博物誌』「月刊みんぱく」編集部編、八坂書房、２００３年
『絶滅巨大獣の百科』今泉忠明著、データ・ハウス、１９９５年
『全国郷土玩具ガイド』畑野栄三著、婦女界出版社、１９９２年
『山海経』高馬三良訳、平凡社、１９９４円
『セン・ブォシン氏の夕日と虎をめぐる不思議な話』森 博行著、竹林館、２００４年
『捜神記』干宝著、平凡社、１９８８年
『増補 落語事典』東大落語会編、青蛙房、２００３年
『ソ満国境関東軍国境要塞遺跡群の研究』関東軍国境要塞遺跡研究会編、六一書房、２００１年
『大山鳴動してネズミ１００匹』福井栄一著、技報堂出版、２００７年
『タイムボカン全集２』タツノコプロダクション監修、ソフトバンク、１９９８年
『高丘親王航海記』澁澤龍彦著、文藝春秋、１９９０年
『高丘親王入唐記』佐伯有清著、吉川弘文館、２００２年
『タツノコキャラクターシリーズ①タイムボカン大図鑑』加藤 智編、バンダイ、１９９２年
『たべもの起源事典』岡田哲編、東京堂出版、２００４年
『父が子に語る世界歴史５』Ｊ・ネルー著、みすず書房、１９６６年
『父 山本五十六』山本義正著、恒文社、２００１年
『地底の魔術王』江戸川乱歩著、ポプラ社、１９９８年
『ちびくろ・さんぼ』ヘレン・バンナーマン著、フランク・ドビアス画、瑞雲舎、２００６年
『地名語源辞典』山中襄太著、校倉書房、１９８６年
『中国怪奇小説集』岡本綺堂著、光文社、１９９４年
『中国怪談奇談集』多久弘一著、里文出版、２００２年
『中国幻想ものがたり』井波律子著、大修館書店、２０００年
『中国講談選』立間祥介編訳、平凡社、１９６９年
『中国故事たとえ辞典 新装普及版』細田三喜夫編、東京堂出版、１９９１年

『中国史談集』澤田瑞穂著、早稲田大学出版部、2000年
『中国シンボル・イメージ図典』王 敏ほか編、東京堂出版、2003年
『中国中世の説話』荘司格一著、白帝社、1992年
『中国の怪奇と美女』近藤春雄編著、武蔵野書院、1991年
『中国の十二支動物誌』鄭高詠著、白帝社、2005年
『中国の呪法』澤田瑞穂著、平河出版社、1984年
『中国の庶民文藝』澤田瑞穂著、東方書店、1986年
『中国の神獣・悪鬼たち』伊藤清司著、東方書店、1986年
『中国の伝承と説話』澤田瑞穂著、研文出版、1988年
『中国の幽霊』竹田 晃著、東京大学出版会、1980年
『中国百物語』話 梅子編訳、アルファポリス、2008年
『中国民話集』飯倉照平訳、岩波書店、2004年
『中世動物譚』P・アンセル・ロビン著、博品社、1993年
『朝鮮詩集』金 素雲編訳、岩波書店、1988年
『朝鮮童謡選』金 素雲編訳、岩波書店、1993年
『朝鮮民謡選』金 素雲編訳、岩波書店、1972年
『つれづれ・十二支譚』野上杏子著、日本文学館、2006年
『定義集』アラン著、岩波書店、2003年
『定本 柳田国男集』柳田国男著、筑摩書房、1970年
『どうぶつ型』野村潤一郎著、岳陽舎、2004年
『動物誌』アリストテレス著、岩波書店、1999年
『動物誌と動物譚』杉田英明編、平凡社、1989年
『動物信仰事典』芦田正次郎著、北辰堂、1999年
『動物シンボル事典』ジャン＝ポール・クレベール著、大修館書店、1989年
『動物と人間の歴史』江口保暢著、築地書館、2003年
『動物の食からみる現在の食生活へのヒント』中川志郎著、芽ばえ社、2005年

『動物民俗』長澤武著、法政大学出版局、２００５年
『動物名の由来』中村浩著、東京書籍、１９９８年
『動物妖怪譚（上）（下）』日野 巖著、中央公論新社、２００６年
『遠野物語』柳田国男著、新潮社、２００４年
『トラが語る中国史』上田 信著、山川出版社、２００２年
『虎が消える日』リチャード・アイヴス著、朝日新聞社出版局、１９９８年
『ドラクロワ 色彩の饗宴』ウジェーヌ・ドラクロワ著、二玄社、１９９９年
『ドラゴンの歯』エラリー・クイーン著、東京創元社、１９７９年
『トラ vs.ライオン』実吉達郎著、光風社出版、１９９４年
『トラと人間』ヘレン・カウチャー著、宝島社、１９９３年
『トラとライオン』加藤謙一著、鳥影社、２０００年
『トラとライオン』小学館 編・発行、１９７２年
『トラ・トラ・ライオン！』サミュエル・ライダー著、マガジンハウス、２００３年
『虎の牙』モーリス・ルブラン著、東京創元社、１９７３年
『とらの本』シルベーヌ・ペロル画、岳陽舎、２００７年
『とらやらいおん』しみずまさる著、偕成社、１９７２年
『虎よ、虎よ！』アルフレッド・ベスター著、早川書房、２００８年
『飛んで火に入る ことわざばなし』福井栄一著、大阪書籍、２００８年
『南洋動物誌』三吉朋十著、モダン日本社、１９４２年
『日欧対照　イメージ事典』宮田登ほか編著、北星堂書店、１９８９年
『日本架空伝承人名事典』平凡社、１９８７年
『日本　神さま事典』三橋健ほか編著、大法輪閣、２００５年
『日本奇談逸話伝説辞典』勉誠社、１９９４年
『日本語から引く　知っておきたい中国語』守屋宏則編、小学館、２００５年
『日本古代食事典』永山久夫著、東洋書林、１９９８年
『日本神祇由来事典』川口謙二編著、柏書房、１９９３年

『日本人の動物観』中村禎里著、ビイング・ネット・プレス、２００６年
『日本「神話・伝説」総覧』宮田登ほか著、新人物往来社、１９９３年
『日本随筆大成』日本随筆大成編集部編、吉川弘文館、１９７５年
『日本伝説紀行ガイド』吉村昭治著、勉誠出版、２００１年
『日本動物大百科第２巻　哺乳類Ⅱ』日高敏隆監修、平凡社、１９９６年
『日本と世界の愛唱名歌集』野ばら社 編・発行、１９９０年
『日本の意匠 第１０巻』吉岡幸雄編、京都書院、１９８５年
『日本の神々』谷川健一編、白水社、１９８７年
『日本の採集狩猟文化』池谷和男ほか編、世界文化社、２００５年
『日本山海名産図会　日本山海名物図会』千葉徳爾 註解説、社会思想社、１９７０年
『日本の伝説』柳田国男著、新潮社、２００３年
『日本の哺乳類』阿部永ほか著、東海大学出版会、１９９４年
『日本の昔話』柳田国男著、新潮社、２００４年
『日本美術史事典』石田尚豊ほか監修、平凡社、１９８７年
『日本美術辞典』谷 信一ほか編纂、東京堂出版、１９６５年
『日本風俗史事典』日本風俗史学会編、弘文堂、１９９９年
『日本民衆史』宮本常一著、未来社、１９６３年
『日本民俗事典』大塚民俗学会編、弘文堂、１９９９年
『日本昔話事典』稲田浩二ほか編、弘文堂、１９９９年
『日本歴史伝説傑作選』学習研究社編・発行、２００４年
『にんげん百物語』福井栄一著、技報堂出版、２００７年
『能楽手帖』権藤芳一著、駸々堂出版、１９７９年
『誹風　柳多留（一）（二）（三）』岩波書店、１９９５年
『誹風　柳多留拾遺（上）（下）』岩波書店、１９９５年
『八股と馬虎』安能 務著、講談社、１９９５年
『博物誌』プリニウス著、雄山閣、１９８６年

『博物誌』ルナール著、岩波書店、1998年
『芭蕉七部集』岩波書店、2004年
『芭蕉俳句集』岩波書店、2002年
『芭蕉連句集』岩波書店、2004年
『早川孝太郎全集』早川孝太郎著、未来社、1972年
『ヒグマ』犬飼哲夫ほか著、北海道新聞社、2003年
『ビジュアル版　ギリシア神話物語』楠見千鶴子著、講談社、2001年
『ヒトは食べられて進化した』ドナ・ハートほか著、化学同人、2007年
『兵庫県の歴史散歩』兵庫県の歴史散歩編集委員会編、山川出版社、2006年
『蕪村全句集』藤田真一ほか編、おうふう、2003年
『仏教民俗学大系4　祖先祭祀と葬墓』藤井正雄編、名著出版、1988年
『舞踊手帖』古井戸秀夫著、駸々堂出版、1990年
『フロイスの見た戦国日本』川崎桃太著、中央公論新社、2003年
『プロ野球70年史』ベースボール・マガジン社編・発行、2004年
『米朝ばなし』桂米朝著、講談社、1993年
『米朝落語全集』桂米朝著、創元社、1994年
『北京年中行事記』敦崇編、岩波書店、2007年
『方位読み解き事典』山田安彦編、柏書房、2001年
『ぼくいちびり』福井栄一著、プラネットジアース、2005年
『北斎絵事典 動植物編』東京美術編・発行、1998年
『本陣殺人事件』横溝正史著、春陽堂書店、1997年
『万葉秀歌』久松潜一著、講談社、2002年
『水木しげるの中国妖怪事典』水木しげる著、東京堂出版、1990年
『宮本常一著作集』宮本常一著、未来社、1967年
『民俗学辞典』柳田国男監修、東京堂出版、1951年
『みんなが知りたい動物園の疑問50』加藤由子著、ソフトバンククリエイティブ、2007年

『紫式部日記』小谷野純一訳注、笠間書院、2007年
『伽羅先代萩 伊達競阿国戯場』諏訪春雄編著、白水社、1987年
『猛虎の70年』ぴあ株式会社 編・発行、2005年
『猛獣』小原秀雄著、朝日新聞社、1968年
『猛獣もし戦わば』小原秀雄著、KKベストセラーズ、1970年
『もじりとやじり』江口孝夫著、勉誠出版、2004年
『もじり百人一首を読む』武藤禎夫著、東京堂出版、1998年
『もっと知りたい！ 十二支のひみつ』大高成元ほか著、小学館、2005年
『もっと知りたい野生動物の歴史』江口保暢著、早稲田出版、2005年
『森と韓国文化』金 瑛宇著、国書刊行会、2004年
『森の野生動物に学ぶ101のヒント』日本林業技術協会編、東京書籍、2003年
『紋切型辞典』フローベル著、岩波書店、2001年
『野生動物観察事典』今泉忠明ほか著、東京堂出版、2004年
『野生動物の交通事故対策』増田泰ほか著、北海道大学図書刊行会、1998年
『野生ネコの百科 最新版』今泉忠明著、データ・ハウス、2004年
『山の標的』須藤功著、未来社、1991年
『山びとの動物誌』宇江敏勝著、新宿書房、1998年
『由比正雪』進士慶幹著、吉川弘文館、1986年
『妖異博物館』柴田宵曲著、筑摩書房、2005年
『妖異博物館 続』柴田宵曲著、筑摩書房、2005年
『妖怪十二支参り』村上健司著、同朋舎、2001年
『妖怪・妖精譚』ハーン著、筑摩書房、2004年
『謡曲紀行（一）（二）』小倉正久著、白竜社、2003年
『謡曲大観』佐成謙太郎編、1930〜1931年、明治書院
『ライオンは眠れない』サミュエル・ライダー著、幻冬舎、2004年
『龍安寺 石庭』大山平四郎著、淡交社、1995年

『聊斎志異（上）（下）』蒲 松齢著、岩波書店、2004年
『聊斎志異の怪』志村有弘編、角川文庫、2004年
『猟銃・闘牛』井上靖著、新潮社、2004年
『李陵 山月記』中島 敦著、小学館、2000年
『ルーズベルト秘録（下）』産経新聞「ルーズベルト秘録」取材班著、扶桑社、2001年
『列仙伝・神仙伝』劉 向ほか著、平凡社、1993年
『魯迅選集 第12巻』松枝茂夫訳、岩波書店、1956年
『和菓子の辞典』奥山益朗編、東京堂出版、1989年
『和歌職原鈔』今西祐一郎校注、平凡社、2007年
『吾輩は猫である』夏目漱石著、新潮社、2003年
『和漢古典動物考』寺山宏著、八坂書房、2002年
『和漢三才図絵』寺島良安著、平凡社、1987年
『わらべうた』真鍋昌弘ほか著、桜楓社、1976年

（注1）本書を執筆するにあたって参照した文献のうち、主要なものを挙げました。
（注2）論稿や紀要類については、あまりにも煩雑になるため、やむなく割愛しました。
（注3）本文中で言及した古典作品については、『新編日本古典文学全集』（小学館）、『日本古典文学大系』（岩波書店）、『新潮日本古典集成』（新潮社）、『国史大系』（吉川弘文館）等を参考にしました。個別の巻名を挙げることは控えますが、蒙りました多大の学恩に謝意を表します。

・・・● おわりに ●・・・

どういうわけか、私はトラ（虎・寅）と縁が薄いです。

寅年生まれではなく、虎に噛まれた経験はなし。虎の皮の褌《ふんどし》は持ちあわせていません。例の球団のファンではないし、タイガーバームガーデンには足をふみいれたこともないのです。

困った私は、多士済々《たしせいせい》の四十四名におすがりして、「虎の威を借る狐」よろしく、本書を書きすすめた次第です。

私の筆が、トラ文化の一端なりとも、うまくとらまえておりましたならば、うれしく存じます。

平成二十一（二〇〇九）年十一月吉日

虎は千里続く国ならでは棲まず

上方文化評論家　福井栄一　拝

虎の目にも涙
44人の虎ばなし

定価はカバーに表示してあります。

2009年11月15日　1版1刷発行

ISBN978-4-7655-4242-5 C0039

著　者　福井栄一
発行者　長　滋彦
発行所　技報堂出版株式会社
〒101-0051　東京都千代田区神田神保町1-2-5
（和栗ハトヤビル）
電　話　営　業（03）(5217) 0885
編　集（03）(5217) 0881
F A X（03）(5217) 0886
振替口座　00140-4-10
http://gihodobooks.jp/

日本書籍出版協会会員
自然科学書協会会員
工学書協会会員
土木・建築書協会会員

Printed in Japan

装幀・組版：パーレン　イラスト：川名　京
印刷・製本：愛甲社